# 牛奶的前世今生

## ——奶香飘万家系列活动科普问答

奶牛产业技术体系北京市创新团队
《中国乳业》杂志社　编著

中国农业科学技术出版社

**图书在版编目（CIP）数据**

牛奶的前世今生：奶香飘万家系列活动科普问答 / 奶牛产业技术体系北京市创新团队，《中国乳业》杂志社编著 .—北京：中国农业科学技术出版社，2019. 4

ISBN 978-7-5116-4101-4

Ⅰ. ①牛… Ⅱ. ①奶… ②中… Ⅲ. ①乳制品—食品加工—问题解答 Ⅳ. ①TS252. 4-44

中国版本图书馆 CIP 数据核字（2019）第 058620 号

**责任编辑** 金 迪 崔改泵
**责任校对** 贾海霞
**出 版 者** 中国农业科学技术出版社
北京市中关村南大街12号 邮编：100081
**电 话** （010）82109194（编辑室）（010）82109702（发行部）
（010）82109709（读者服务部）
**传 真** （010）82106631
**网 址** http: // www.castp.cn
**经 销 者** 全国各地新华书店
**印 刷 者** 北京地大天成印务有限公司
**开 本** 710mm×1 000mm 1/16
**印 张** 8.25
**字 数** 123千字
**版 次** 2019年4月第1版 2019年4月第1次印刷
**定 价** 38.00元

**版权所有·翻印必究**

# 牛奶的前世今生
## ——奶香飘万家系列活动科普问答

## 编　委　会


**主　任：**路永强　董晓霞

**副主任：**郭江鹏　杨宇泽　任　康

**委　员**（按汉语拼音排序）：

卜登攀　陈　琛　陈历俊　崔晓东　丁双阳　董晓霞
冯小宇　付　瑶　顾宪红　郭江鹏　郭凯军　韩广文
侯引绪　黄　毅　蒋林树　李　杰　李秀波　李永清
刘　芳　刘　林　刘　彦　刘国世　刘志丹　鲁　琳
路永强　吕加平　马　慧　毛学英　倪和民　聂垒超
彭英霞　齐志国　任　康　孙东晓　孙钦平　陶秀萍
屠　焰　王　栋　王　俊　王　艳　王晶晶　王九峰
王天坤　温富勇　肖　炜　熊本海　杨宇泽　赵春颖
赵景义

# 牛奶的前世今生
## ——奶香飘万家系列活动科普问答

## 编著委员会


**主 编 著：** 路永强　董晓霞　郭江鹏

**副主编著：** 刘国世　屠　焰　王九峰　鲁　琳　毛学英

**编 著 者**（按汉语拼音排序）：

陈历俊　丁双阳　董晓霞　付　瑶　顾宪红　郭　琪
郭江鹏　郭凯军　韩　萌　黄清赟　蒋林树　孔凡林
李　媛　李秀波　李永清　栗明月　刘国世　刘　娜
刘　彦　刘云龙　刘志丹　鲁　琳　路永强　吕加平
马　慧　马满鹏　毛学英　倪和民　齐志国　任　康
邵大富　孙东晓　孙铭维　孙钦平　屠　焰　汪　悦
王　栋　王　晶　王　俊　王晶晶　王九峰　王天坤
肖　炜　杨德莲　杨宇泽　俞　英　张　婕　祝文琪

**审　　校：** 王　俊　王　晶　齐志国　祝文琪　付　瑶　邵大富
韩　萌　王晶晶

# Preface 前　言

奶，乳汁的统称，是指由乳腺分泌的白色或略带黄色的液体，含有丰富的营养物质，是婴幼儿和老人必备的食品，也是众多家庭的日常必需品，是满足人民日益增长的美好生活需要的基础性保障。

奶业是健康中国、强壮民族不可或缺的产业，是惠及亿万人民身体健康、关系国计民生的一个大产业。但受多种因素的影响，广大民众对我国奶牛养殖业、乳品加工业、乳品质量安全监管等现状及国家有关政策缺乏了解，对乳及乳制品知识了解不够，致使消费者在选择乳及乳制品时出现困惑甚至偏差，导致我国奶业在消费者心目中的形象受到了很大影响，从而影响了消费者营养、安全、经济地消费乳及乳制品。

国务院及各级政府非常重视奶业的健康发展。2018年，国务院办公厅印发的《关于推进奶业振兴保障乳品质量安全的意见》明确要求，从树立奶业良好形象、着力加强品牌建设、积极引导乳制品消费等三个方面加大乳制品消费引导。农业农村部、发展改革委等九部委下发的《关于进一步促进奶业振兴的若干意见》要求，加大奶业公益宣传，支持在主流媒体和新媒体上大力宣传奶业成就，树立中国奶业的良好形象，提升广大群众的认知度和信任度，大力引导和促进乳制品消费。

鉴于此，奶牛产业技术体系北京市创新团队和《中国乳业》杂志社合作创建了“奶香飘万家”公益性宣传平台，开展“奶香飘万家”进公园、学校、社区等系列活动，旨在通过奶牛产业技术体系北京市创新团队成员及国内有关同行的现场介绍、实物展示和面对面交流，全方位地大力宣传我国奶业取得的巨大成就，提振消费者对我国奶业的信心。为配合“奶香飘万家”系列活动的开展，我们组织了多位长期工作在奶牛产业一线的专家，以通俗易懂的语言、漫画配图的形式，编撰了这本《牛奶的前世今生——奶香飘万家系列活动科普问答》公益科普宣传材料，向广大消费者较为全面、客观地介绍与奶牛养殖、乳品加工、乳品选用等有关的基本知识，给大家还原奶业的本色，让广大消费者较全面地了解奶业，明明白白消费，健健康康生活，愿“奶香飘进千万家，健康伴随你我他”。

本书主要内容包括基础知识、奶牛繁育、营养与饲养、疫病防治、乳品加工、饮用知识、奶牛保健及关注热点八个部分，以问答的形式，呈现了一百多个与奶业全产业链相关的基础、常识、热点等问题，读者既可以通读书籍全面了解，也可以根据自己的需要有针对性的选读。同时，我们还以微信公众号的形式，将本书的主要内容及今后不断补充、完善的内容进行展示，以利于广大读者查阅。

本书由奶牛产业技术体系北京市创新团队工作经费、北京市农业局科技项目“奶牛场废水处理回用技术集成与示范”（编号：20180111）、中国农业科学院科技创新工程项目等资助。奶牛产业技术体系北京市创新团队多位专家及其团队成员、《中国乳业》杂志社众多成员为本科普材料的编撰付出了大量的心血和宝贵的时间，在此一并表示衷心的感谢！

由于编写人员知识水平和认识的局限性，材料中难免有不准确之处，敬请广大读者朋友斧正，我们将在后续的出版中给予补充、完善。

北京市畜牧总站书记、副站长

奶牛产业技术体系北京市创新团队首席专家

2019年3月

# Contents 目录

## 第一部分　基础知识



## 第二部分　奶牛繁育

## 第三部分　营养与饲养



## 第四部分　疫病防治



## 第五部分　乳品加工

## 第六部分 饮用知识

## 第七部分　奶牛保健

## 第八部分　关注热点

# 第一部分

# 基础知识

## 1 奶牛是什么动物？

牛按照主要用途分为乳用、肉用、乳肉兼用和肉乳兼用等。奶牛是乳用品种牛，以产奶为主要经济用途的牛品种，是为人类提供优质乳制品的重要动物。

## 2 奶牛是不是也与人类一样以肤色进行分类？

我们常见的奶牛毛色以黑白花为主，但也有褐色、红白花和黄色等毛色的奶牛，通过不同的毛色可以辨别奶牛的品种。人类根据地方气候和资源条件，在全世界范围内培育了一些专门化的奶牛品种，主要有荷斯坦牛、娟姗牛、爱尔夏牛和更赛牛。

荷斯坦牛（Holstein）是世界范围内主要的奶牛品种，属大型乳用牛品种，体格较大，毛色以黑白花为主，黑白花的多少不一，也有少量黄白花或红白花，额部多有白星。荷斯坦牛起源于德国西北部和荷兰北部接壤处，适应环境能力强，世界各国都有引进饲养。在各国科学家和养殖者的共同努力下，目前世界各国都饲养着适应当地环境条件并且独具特点的黑白花奶牛。

中国黑白花奶牛也叫中国荷斯坦牛。我国的奶牛育种工作者于1984年培育成功“中国黑白花奶牛”品种，并通过了原农业部审定。20世纪90年代以来，国际奶牛界将“荷斯坦牛”公认为同类大型乳用牛品种的专用名称，为了与国际接轨，1992年我国原农业部将“中国黑白花奶牛”正式更名为“中国荷斯坦牛”。在目前我国饲养的奶牛中80%以上为中国荷斯坦牛，在全国各地均有饲养。

娟姗牛原产于英吉利海峡的娟姗岛。被毛短细且具有光泽，毛色为灰褐、浅褐及深褐色，具有较好的耐热性能，并且性情温顺、体型轻小、乳脂率较高，是世界上著名的小型耐热品种。目前主要分布于美国、新西兰、澳大利亚等气候湿热的地区，在我国新疆、云南等地区也有分布。

爱尔夏牛，原产于英国艾尔夏郡。被毛短细，毛色为红白花，以白居多，红色则由淡红到红褐色，具有耐粗饲、强适应性等优点，分布于日本、美国、芬兰、澳大利亚、加拿大、新西兰等国。

更赛牛，原产于英国更赛岛。毛色为浅黄金、金黄色或浅褐色，耐粗饲、易放牧、对温热气候有较好的适应性，在我国主要饲养于华东和华北的各大城市。

## 3 奶牛为什么能产那么多奶？

奶牛生小牛后才会产奶，但是现代奶牛的产奶量远远高于哺乳期一头小牛所需要的牛奶量。奶牛为什么能比其他动物产更多的奶呢？最基础的原因是它有独特的产奶核心区域——乳腺（乳房）。奶牛乳腺包括4个不同的乳区，每个乳区都有一个乳头，每个乳区中形成的牛奶不能互相转移。

有了发达的乳腺系统奶牛产奶量就高吗？当然不是，俗话说，天赋是一方面，后期的努力同样至关重要。为了要让奶牛为人类贡献更多的牛奶食品，畜牧科研人员做了很多工作。奶牛有着如此良好的乳腺组织是前提条件，要想产奶多，我们还要在奶牛的遗传因素、环境因素和生理因素三大方面做努力。第一是奶牛的遗传因素。俗话说的好："爹妈选的好，后代差不了"。奶牛中就属荷斯坦奶牛产奶量高，优秀的奶牛应具有从上看呈梯形，前窄后宽，棱角分明，乳房发达、紧凑、有弹性、皮薄、乳静脉粗且弯曲，腰背平直，腹部大圆不下垂，前后蹄不直不弯等特点。第二是环境因素，环境又分为饲料和管理。奶牛饲料不仅影响了奶牛的奶产量，还影响奶牛产乳中的各营养成分含量。奶牛管理方面，要注意不要让奶牛生病，因为健康的奶牛才能有更高的产奶量，比如应注意夏季降温，冬季保暖和防止乳头皲裂等。第三是生理因素，奶牛同其他哺乳动物不同之处在于怀孕期间也可以产奶，所以产奶期更长，产奶多。一般奶牛在第5胎达到产奶量的顶峰，随后逐渐下降。

## 奶牛妈妈漂亮吗？

奶牛妈妈个个可都是很漂亮的噢！

奶牛妈妈因品种不同，身高差异很大，其中荷斯坦母牛是最高大的奶牛妈妈，其平均身高130～145厘米，体重650～750千克，体长170厘米以上，体型高大，身材苗条，皮薄脂肪少，毛细有光泽，后肢较前肢发达，腰身长，四个发育良好的乳房是奶牛妈妈最明显的特征。所以，从上往下和从前往后看，体型均呈“三角形”。

与人一样，奶牛妈妈“怀孕期”一般也为9个多月（平均280天）。奶牛妈妈一般一次只能生下一个牛宝宝，产后60天左右，其生育能力基本恢复正常，可再次发情怀孕。奶牛妈妈由于要产奶和生牛宝宝，所以，“吃饭”和“睡觉”的地方要求比较干净，“厨师”也会根据奶牛妈妈所处的阶段不同，给它们准备不同的“饭菜”（饲料）。但是，为了给人类提供更多更健康的牛奶，奶牛宝宝生下来几天就要和奶牛妈妈分栏，单独生活了。

## 5 奶牛爸爸帅吗?

奶牛爸爸也称为种公牛，较为高大雄伟，成年公牛平均体高145厘米以上，体重900～1 200千克，体长190厘米以上，与奶牛妈妈匀称的体型相比，奶牛爸爸前躯较发达，较笨重，脖子显短。与奶牛妈妈一年只有一个后代比，奶牛爸爸则高产得多，在人工授精条件下，奶牛爸爸一年可以有几万个牛宝宝。所以，为了生育优良后代，人们会精挑细选，选择遗传基础较好的公牛做奶牛爸爸，而且其“衣食住行”一般也优于奶牛妈妈。但奶牛爸爸一般和奶牛妈妈不“见面”，奶牛爸爸和牛宝宝们也不“见面”，真不知道它们散步的时候相遇能否认出对方吗?

## 6 为什么奶牛"吃的是草，挤出的是奶"？

奶牛的配餐是由草和精料构成的，而牛奶是奶牛将摄入的配餐进行消化、吸收和代谢，通过乳腺组织合成的一种含有蛋白质、脂肪、乳糖和无机盐的液体物质。

奶牛吃草等饲料能产奶与其特殊的胃有关。奶牛属于反刍动物，和人的一个胃不一样，奶牛有瘤胃、网胃、瓣胃和皱胃四个胃。奶牛的胃可以为乳腺组织提供能量和营养物质，有助于乳腺组织合成牛奶。瘤胃中栖息着大量的细菌、原虫和真菌等厌氧微生物，以及纤维降解菌、半纤维降解菌和淀粉降解菌，能够将配餐中的纤维、淀粉等发酵成简单的糖类物质，被微生物利用生成短链挥发性脂肪酸，在肝脏中经糖异生作用生成葡萄糖，供给奶牛。配餐中的蛋白质一部分被瘤胃微生物利用生成微生物蛋白，而另一部分则和微生物蛋白一起进入小肠，经过消化酶消化吸收进入血液。而乳腺组织的分泌细胞能够从流经乳腺的血液中摄取葡萄糖、游离氨基酸、乳糜微粒的甘油三脂、维生素和无机盐类等营养物质，在乳腺上皮细胞中合成乳糖、蛋白质和乳脂等营养成分，并储存在乳腺组织中，通过排乳过程得到鲜牛奶。

# 7 奶牛在什么状态下产奶？

哺乳动物都是在生育后开始泌乳，奶牛也是在生下牛宝宝后开始产奶的。与人不一样的是，女性在泌乳期一旦再次受孕，马上就会停止分泌乳汁，而奶牛可以一边产奶一边孕育牛宝宝。目前世界上99%以上的奶牛场，都是在奶牛性成熟后使用人工授精法怀孕（奶牛场从种牛站买来一管一管圆珠笔芯一样的冷冻精液，用输精枪注入奶牛子宫），生下小牛从而产奶的。一次受孕，奶牛的产奶期一般是305天，因此奶牛也不是天天都能产奶的，每个泌乳周期会有2个月的时间停止产奶，休养生息。

为了使奶牛能持续产奶，一般在它产下头胎小牛后的60天左右发情时，对它进行人工授精，直到预产期前的两个月，进行人工干奶使其休息。而两个月后第二胎小牛落地，它就又进入到下一个产奶、怀孕循环。目前，我国奶牛平均每天出奶量23千克左右，高峰期一天可达30千克以上。

奶牛生下小牛后就进入产奶期，产奶量会逐步上升，在第二个或第三个泌乳月时达到高峰阶段，然后逐步下降。一般高产奶牛上升幅度大，产奶量在高峰期平稳，下降缓慢。不同的挤奶时间也会影响母牛的产奶量。母牛乳腺在夜间活动频繁，乳汁生成和分泌较多，所以早晨产奶量高于其他时间，而且早餐前挤奶（早上5—6时）较好。科学家研究发现，挤奶间隔时间如果相等，产奶是最多的，如每隔8小时挤奶1次，或每隔12小时挤奶1次。

奶牛的产奶量与环境的温度、湿度密切相关。奶牛泌乳的适宜日平均气温为10～20℃，在这个温度范围内，奶牛容易保持正常的体温和生理代谢，可充分吸收饲料中的养分而转化为乳汁。适宜奶牛产奶的相对湿度为50%～80%。秋、冬、春季节，当日平均气温在20℃以下、而相对湿度适宜的情况下，让奶牛多晒太阳，有利于提高奶牛的产奶量。

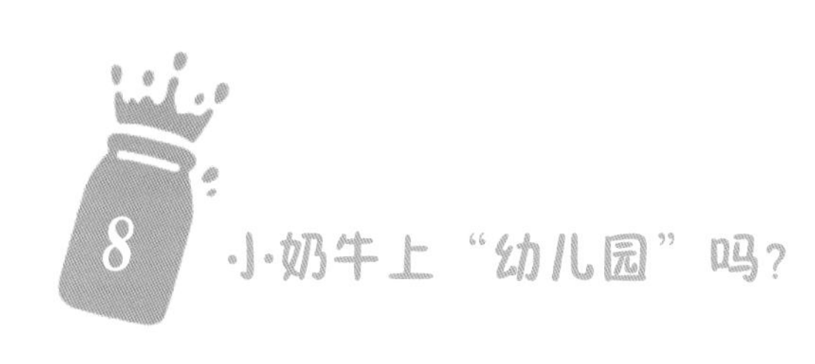

## 8 小奶牛上“幼儿园”吗？

为了让奶牛妈妈给人类提供更多更健康的牛奶，同时为了得到一头优秀的小牛，奶牛宝宝生下来就要和奶牛妈妈分栏，单独生活并接受严格的训练和管理。从这个意义上来说，小牛也是上“幼儿园”的噢。

小牛在出生后，工作人员立即让它与母亲分开，并为它擦黏液、剪脐带、称重及填写出生相关信息，为小牛准备清洁干燥的褥草等。

通常情况下，小牛出生后1个小时内就要喝上初乳，这里的初乳可不是这头小牛的妈妈的初乳，而是其他牛妈妈的初乳，经杀菌、检测合格后才能喂给小牛，小牛出生1～3天内就要用药物对它进行去角，出生3天后才开始饮水，同时可以给小牛吃开食料，大部分牛场犊牛断奶前饲养在犊牛岛里，就是一个小牛有个独立的小房子，房子要保证冬暖夏凉，干燥清洁，小牛可以自由的饮水、喝奶、吃料等等，犊牛岛还要定期消毒，更换褥草等，在寒冷的季节，还会给小牛穿上小马甲。小牛一般60天就可以断奶了，断奶要逐渐地进行，以免小牛产生严重的断奶应激。断奶后小牛还要在原地养育1～2周，待小牛状态稳定后再放到新的群体里，去上“小学”“中学”……。

## 9 奶牛一年能产多少奶？

我国奶牛年均产奶量为7 000千克/头，个别牧场年均产奶量可达13 000千克以上，但这还不是极限。国外一些牧场年均产量可达15 000千克/头，高产奶牛可达25 000千克/头以上。似乎这还不是极限，据大数据分析，目前，由于遗传改良技术进展迅速，奶牛的实际产奶量较其基因允许的产奶量还有一定的差距。

# 第二部分

# 奶牛繁育

# 10 奶牛有“身份证”吗?

奶牛的耳标（有些含芯片）就是奶牛的身份证，除了身份识别功能外，还记载奶牛的系谱、生长、繁殖、产奶和饲养等信息。奶牛从选种选配、繁殖、育种、饲养管理到疫病防控等一系列工作都离不开它。规模养殖的牧场尤其需要用耳标进行科学管理，2017年全国存栏100头以上奶牛规模养殖比重达56%，基本实现了养殖装备现代化和信息化。

在饲养工艺方面，奶牛场普遍采用散栏饲养、全混合日粮（TMR）技术、精准饲喂及机械挤奶等；在繁育方面，采用生产性能测定（DHI）和后裔测定结合，基因组选择培育优秀种公牛、计划选配和人工授精等技术；在环境控制方面，根据动物福利需要设计牛舍、运动场及环保设施，以最大限度地保证奶牛场卫生、舒适和环境友好。总之，每头奶牛都有自己的身份证是奶牛场实现生产信息化管理的基础。

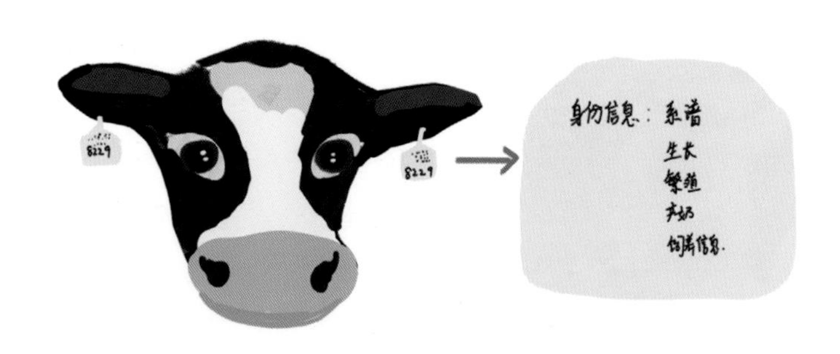

## 11 奶牛如何生育更多的“女宝宝”？

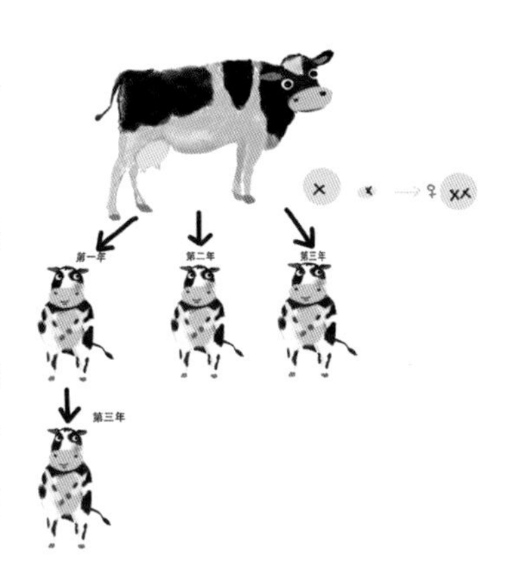

奶牛要产奶，就必须要先生宝宝，就像人一样，只有生完宝宝的妈妈才有奶水给宝宝吃。

你知道吗？自然情况下，奶牛妈妈生男宝宝和生女宝宝的概率是一样的。但是，奶牛场却更喜欢女宝宝哦！不是因为“重女轻男”，而是因为只有母牛才能产奶，才能通过产奶为人类创造更多的价值。

既然“女宝宝”更受欢迎，那么牛场能否选择性地多生“女宝宝”呢？当然可以。通过人为干预的方法，使动物生出的宝宝为特定性别（例如都是母的，或者都是公的）的技术叫性别控制技术。奶牛上的性控精液人工输精新技术就是其中的一种性别控制技术。

我们知道，雄性动物的精子分为X精子和Y精子，X精子和卵子结合受精后产生的后代是雌性（女宝宝），Y精子与卵子结合受精后产生的后代是雄性（男宝宝）。在奶牛上，科学家们通过先进的仪器和设备，将精液中的Y精子去除掉，收集更多的X精子，再添加稀释液和保护液后冷冻保存起来，这种精液叫“性控精液”。将这样的精液解冻后用于发情奶牛的人工授精，就能极大地增加生产“女宝宝”的概率。目前，X精子分离的准确率可以达到85%～95%。因此，利用奶牛性控冻精输精技术可以诞生更多的“女宝宝”，俗称“母牛生母牛，三年五个头”。

## 12 奶牛有公牛吗?

纯种或优秀的公牛当然是有的，只不过数量极少，主要在种公牛场饲养。一般情况下当小牛出生后半年之内，大部分雄性公牛都会被作为肉牛育肥或者一出生后就被抽取血液，提取血清。现在奶牛场几乎全部通过购入优秀种公牛的精液采用人工授精配种，不养公牛。有时候为了防止近亲繁殖，牛场与牛场之间，甚至国与国之间还要进行进口或交换（冷冻精子和胚胎），以保障优良的下一代，所以平常我们就很少见到公牛，大部分牧场也只饲养母奶牛，以提高养殖效率。

# 第三部分

# 营养与饲养

## 奶牛有配餐吗？有厨师吗？厨房和餐桌是什么样的呢？

与人们的日常生活需求一样，奶牛的日常生活中不仅有厨房，还配有厨师和餐桌。

现在奶牛每天吃的都是营养全面的配餐，学名叫“全混合日粮”，英文缩写为“TMR”。这种配餐里一般会包括青贮饲料、干草、精料等几个部分。奶牛厨房的储物间一般分为三个部分，分别为贮存青贮饲料的青贮区、贮存干草的草料区和贮存精料的饲料库。奶牛厨房当然也有做饭的地方，在这里会放置粉碎机、TMR搅拌车等设备，按照配餐的配方，逐一添加原料并混合成配餐。为了保障奶牛的产奶量，好的厨师是必不可少的。在牛场中，厨师是配方师和配料工，他们会根据奶牛的产奶量、健康状况和原料的营养成分，计算出配餐的配方，然后操作TMR搅拌车来配餐。厨师的水平直接关系到奶牛配餐的好坏。TMR配餐保证了奶牛吃到嘴里的任何一口配餐的营养成分都是基本一样的，让奶牛无法挑食，既减少了浪费，还降低了牧场的劳动力成本和管理费用。

配餐配好后，由送料车送到牛舍里，放在餐桌（采食区）上。奶牛主要靠舌头卷食食物，所以餐桌的平整程度至关重要。实践证明，光滑的瓷砖铺垫的采食区较水泥地面的效果好，所以建议使用瓷砖地面作为奶牛的采食区。

## 14 奶牛最爱吃什么呢？

奶牛吃的食物叫“饲料”。

和人一样，刚出生的牛宝宝也要吃牛妈妈们的母乳（奶牛妈妈生下小牛后24小时内所产的奶叫初乳，初乳是牛宝宝最好的食物），这样可以提高小牛对疾病的抵抗力；2天后吃常乳或者人工配方奶粉（代乳粉）。出生后的2～3周是关键时期，这时在饲喂饲料（开食料）时可适量添加糖浆或者适口性好的营养物质。在饲喂开食料以后，奶牛逐渐喜欢吃适口性好的混合精饲料。这种混合精饲料一般是由玉米粉、麦麸、大豆粕、棉籽粕、矿物质盐类（碳酸钙、磷酸氢钙、食盐）以及维生素（维生素A、维生素D、维生素E、烟酸）、微量元素（铁、铜、锌、锰、钴、硒、碘等）添加剂等组成。

奶牛还特别喜欢吃粗饲料，包括优质的青贮饲料（如玉米青贮、大麦青贮、苜蓿青贮）、青绿饲料（如野青草、玉米青饲、青大麦）、农作物秸秆（如干玉米秸秆、花生秧、甘薯藤）和干草（如野干草、羊草、苜蓿干草）等。除此之外，有些糟渣也是奶牛喜欢吃的，例如豆腐渣、啤酒糟。奶牛的营养配方师会根据这些饲料的营养成分，将它们组合起来，给奶牛配制出营养全面的配餐。

## 食物对奶牛产的乳成分有影响吗？

奶牛每天的食物主要包括粗饲料、精饲料和辅料三大类。粗饲料包括苜蓿草、羊草、燕麦草、农作物秸秆、青贮、青绿饲料等；精饲料包括豆粕、棉籽粕、麸皮、花生饼、油脂、矿物质和维生素等；辅料包括小苏打、脂肪粉等。营养平衡的配餐中各种营养成分应有恰当的比例，并能提供给奶牛来维持它们的基础代谢、生长、胎儿生长和产奶需要的养分。因此奶牛每天吃的食物对乳营养成分有直接的影响，优质的食物产生优质的牛奶。例如，食物中的粗饲料比例太低、粗饲料质量差，奶牛的脂肪含量就会降低，奶香味不足；食物中的脂肪酸组成不同，也会使牛奶中脂肪酸组成有差异。

# 16 奶牛会挑食吗？

奶牛都或多或少地存在挑食现象呢！

奶牛通常会把粗糙、大块和口感差的饲料留下来。挑食的一个警报信号是大部分奶牛用鼻子绕圈，且只小口的采食。同时发生的现象还包括：大量的饲料从奶牛口中掉落，最后奶牛把嘴直接伸到料槽底部，然后把精料部分吃光，因为精料通常会落在料槽底部，而粗饲料会留在上层。

挑食会产生健康和经济两方面的不利影响。健康方面，挑食严重的奶牛不能得到平衡的营养，特别是精料采食过多，会引发多种代谢性疾病，如真胃移位、胎衣不下、酮病等，导致奶牛健康状况下降直至淘汰。经济方面，挑食对于奶牛的影响还表现在每天干物质采食量不足，食物营养不均衡，使奶牛产奶量和乳成分质量下降，按照乳品厂按质论价的收购原则，直接导致卖奶收入减少。所以日常生产中，要综合采取TMR（全混合日粮）等措施，减少奶牛挑食的机会。

## 17 奶牛有食谱吗？

当然有！奶牛的食谱比我们人类的还专业呢！

每个牧场都配有营养师，专门为不同牛群的奶牛们设计“食谱”。奶牛“食谱”中的素材大致可分为三大类：粗饲料、混合精饲料和多汁饲料。其中，粗饲料包括干草、农作物秸秆、青绿饲料、青贮饲料等，混合精料主要由能量饲料、蛋白质补充料、矿物质盐类及维生素、微量元素添加剂按一定比例配制而成，多汁饲料主要有块根（如胡萝卜、甘薯）和糟粕类（如啤酒糟、豆腐渣、玉米淀粉渣）、青贮等。

奶牛“食谱”的设计非常细致专业。不同年龄段的奶牛食谱不一样，不同季节的奶牛食谱也有差异。例如某奶牛养殖场某牛群的食谱大致如下：全株玉米青贮30%、压片玉米18%、大豆粕16.8%、苜蓿干草10%、全棉籽6%、大豆皮6%、玉米粉4%、甘蔗糖蜜3.2%、维生素和微量元素预混料2.9%、脂肪粉1.6%、小苏打1.1%、食盐0.4%。

# 18 奶牛嘴巴不停地动，是在“念咒语”吗？

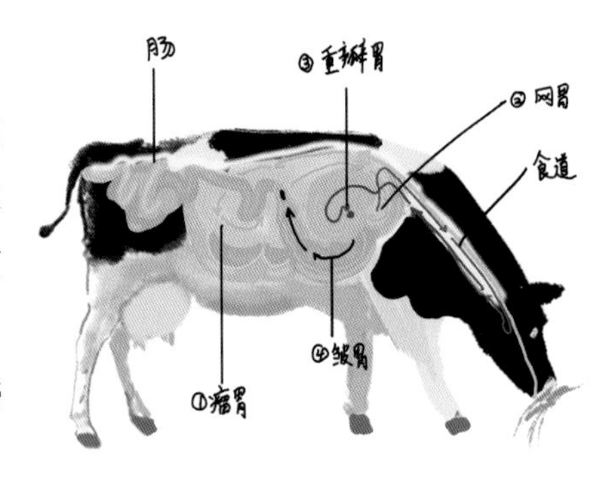


朋友们，你们见过牛吗？高大的身躯，长长的角，强健的四肢……你们有没有看到当牛休息的时候，总是在不停地咀嚼东西。这是为什么呢？

奶牛是哺乳动物，属于偶蹄目中的反刍动物，和肉牛、羊、鹿等食草动物一起归入反刍亚目。反刍就是把吃到胃里的东西吐到嘴里，经咀嚼后再咽回去的过程，这个过程是长期进化的结果。在大自然的原始条件下，食草动物会尽量减少采食时间以防止食肉动物的攻击，所以每次进食，牛总是能多吃一口就多吃一口，根本来不及咀嚼，直接下咽并贮存在瘤胃中，待休息时再经反刍过程一点点消化，这也使得瘤胃拥有100～300升的巨大空间用于贮存食物。

草虽然很容易获得，但是其中含有的纤维非常难以消化，牛为了消化纤维，它们的胃也十分与众不同，有四个胃，依次是瘤胃、网胃、瓣胃和皱胃。其中最后一个胃即皱胃才是真正的胃，它拥有与人的胃类似的分泌消化酶的功能，前三个胃中生活着许多微生物，这些微生物通过发酵分解作用帮助牛分解纤维素，随后逆呕经食管返回口中重新咀嚼，这一反刍和咀嚼过程可以反复发生，直到彻底嚼碎为止，这也就导致了奶牛需要大量的时间进行反刍和咀嚼，成年牛每天用于反刍和咀嚼的时间长达6个小时以上。所以，我们总看到奶牛在闲暇时一直在咀嚼，这个时候千万不要打搅它们哦。

## 19 奶牛也要喝水吗？

作为有脾气的奶牛，伺候不好就不好好产奶是普遍现象。在奶牛饲养过程中，奶牛对水的要求非常挑剔，所以水的供给成为奶牛饲养过程中非常重要的一个环节。

奶牛的需水量要根据牛龄、季节、温度、饲料以及产奶量高低来确定。总体来说成年牛的大致饮水量为每进食 1 千克干物质需3.5～5.5升的水，泌乳高峰期这一需水量会加大。夏季奶牛需水量较多，应适当增加饮水次数和延长饮水时间。一般奶牛饮用水的适宜温度为：成年奶牛12～14℃，产奶妊娠牛15～16℃，1月龄内的犊牛35～38℃。除了增加饮水外，为了提高奶牛的水分摄入量，还可在奶牛的全混合日粮中加水，将含水量调到55%～57%，还可以起到防止奶牛偏食的作用。

饮水卫生及水质对奶牛也非常重要。奶牛场很容易产生水槽细菌滋生的问题，有时奶牛会将粪便排到水槽里，有时在夏季炎热天会把蹄子放到水池里，这都导致了水槽大量细菌滋生。所以饮水器具应保持清洁卫生，每天都要冲洗，定期消毒。此外，也要注意水质要求，一般符合要求的水质为：总大肠杆菌数＜10个/100毫升；pH值在5.5～9.0；水质硬度（以碳酸钙计）＜1 500毫克/升。

# 20 奶牛吃不吃钙片？



奶牛也是需要吃钙片的噢！

低血钙是奶牛分娩期间常见的疾病，会引起奶牛瘫痪、前胃弛缓、胎衣不下及子宫内膜炎等疾病，从而影响奶牛健康和经济效益。青年奶牛的钙磷比例失调，缺钙或者维生素D缺乏，易引起低血钙从而造成佝偻病。

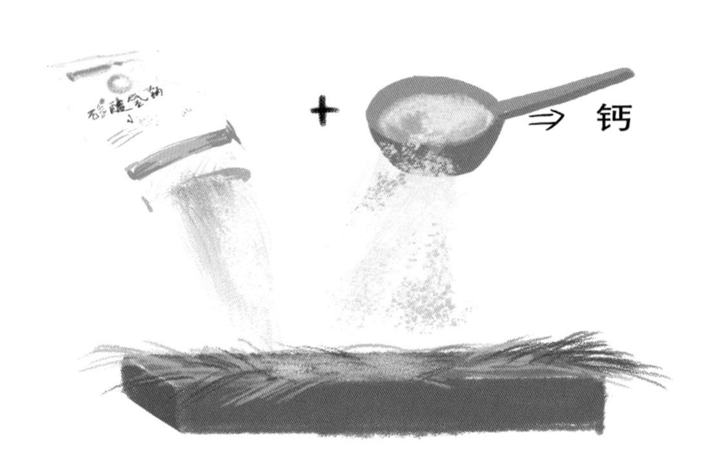


人可以通过吃钙片补钙，奶牛也需要摄入一定量的钙才能保证健康和正常生产，那奶牛是通过什么方式补钙呢？奶牛的每千克初乳中含有2.3克钙，需要在每千克配餐中补充4克的钙，当奶牛缺乏严重时可通过静脉注射葡萄糖酸钙补充钙元素。通常在奶牛或者青年牛的配餐中添加一定量的预混料和石粉、磷酸氢钙、磷酸二氢钙等补充维生素D与钙，从而预防低血钙的发生。

## 21 奶牛宝宝出生后是怎么生活的？

奶牛宝宝分女宝宝（小母犊）和男宝宝（小公犊）。奶牛宝宝们不跟它们的爸爸妈妈一起生活，出生后，奶牛宝宝们被牛场工人护送到“托儿所（犊牛岛）”进行单栏饲养。出生后30～60分钟内，牛宝宝要及时喂足优质初乳，12小时内再次饲喂优质初乳。

一般小母犊2月龄时断奶，优秀小公犊2月龄时送到种公牛站，作为后备公牛集中饲养，6月龄时断奶。不符合种用要求的小公犊送到育肥场直接育肥。

## 22 奶牛吃零食吗？

奶牛也吃“零食”，而且奶牛也非常喜欢“零食”。

夏季，高温湿热，奶牛们也会出现食欲不振，“饭量”会有所减少，免疫力低下，且牛奶产量和品质都会降低，严重影响奶牛的生产性能。我们夏季解暑必备的就是西瓜、香瓜、冰激凌等防暑降温产品，奶牛也如此，当奶牛受到高温刺激时，可以通过给奶牛补饲瓜类水果，如西瓜、香瓜等来缓解。瓜类水果是一种富含碳水化合物和大量水分的多汁饲料，且口感好，可以作为奶牛夏季的“零食”，对奶牛缓解热应激十分有利。当然这种零食不适合大规模使用，会大大增加养殖成本，只有处于夏季热应激或状况不好的奶牛才能享受吃“零食”的待遇。

另一个奶牛特别喜欢的“零食”就是“舔砖”，舔砖是一种根据奶牛所需要的营养物质加工成块状的复合添加剂，有“奶牛巧克力”之称。奶牛有喜舔食的天性，舔食的行为能够刺激奶牛分泌唾液，有利于消化和反刍，提高奶牛的生产性能；舔砖中含有微量元素如钙、磷、铜和硒等，可以有效防治奶牛的异食癖、奶牛乳房炎、营养性贫血等因微量元素而引起的缺乏症；降低瘤胃因摄取、消化精饲料而产生的酸，达到维持瘤胃酸碱平衡的目的。为每头奶牛配备“舔砖”可以达到省时省力，降低生产成本的目的，另外通过平衡日粮养分，能提高奶牛饲料利用率，促进生长和预防疾病。

## 23 奶牛宝宝出生后吃什么？

奶牛宝宝出生后可以吃的东西比咱们人类宝宝的种类多不少噢！

喝初乳：奶牛生下小牛（犊牛）后，24小时内所产的奶，叫初乳。新生犊牛一般在1小时内就应喂给初乳，越早越好，因为初乳具有很重要的生物学特性，它能使犊牛获得免疫力，增强对疾病的抵抗力；具有轻泻作用，利于排泄胎便；初乳中蛋白质、脂肪、维生素、矿物质等营养非常丰富，利于犊牛的消化吸收。

喝常乳（普通牛奶）：理论上，新生犊牛饲喂初乳后，便可以改喂常乳了。其中，用代乳粉代替常乳最为常见。目前犊牛的喂奶期一般为60天左右，总喂奶量300～600千克。

喂犊牛开食料：出生后4天即可喂给犊牛饲料并持续喂到4个月。出生后的前两个星期犊牛仅吃很少量的固体食物，应当设法让犊牛吃犊牛饲料，犊牛饲料中应掺入糖浆或其他适口性好的营养成分；保持少量但多次喂给犊牛饲料来保持饲料新鲜；应限制犊牛吃牛奶，每天吃牛奶最多不超过其出生时体重的10%；应在喂犊牛饲料时提供清洁和新鲜的水（秋冬季节应加热水温后饲喂），随着饮水量的增加，干饲料的摄入量也会增加。

补料：犊牛半月龄时，可调教其吃混合精料，精料要以大麦、豆粕为主，石粉和食盐为辅，开始时可将精料拌成半干半湿状并混合牛奶喂。2月龄时，每天饲喂0.5千克精料，3月龄时每天0.7～1千克精料。1岁开始就要在食槽中放入少量优质青干草，训练它吃草了。

# 第四部分

# 疫病防治

## 奶牛也进行“体检”吗?

是的。专业人员会定期对奶牛的健康进行体检。

奶牛场需要依照《中华人民共和国动物防疫法》及其配套法规的要求，结合当地实际情况，制定疫病监测方案。奶牛场常规监测的疾病包括：口蹄疫、蓝舌病、炭疽、牛白血病、结核病、布鲁氏菌病等。同时需注意防范我国已扑灭的疫病和外来病的传入，如牛瘟、牛传染性胸膜肺炎、牛海绵状脑病等。除上述疫病外，还应根据当地实际情况，选择其他一些必要的疫病进行监测。母牛在干奶前15天需要做隐性乳腺炎检验，在干奶时用有效的抗菌制剂封闭治疗。根据当地实际情况由动物疫病监测机构定期或不定期进行必要的疫病监督抽查，并将抽查结果报告给当地畜牧兽医行政管理部门。

## 25 奶牛会生病吗？

跟人类一样，奶牛也会生病的呀！

通常情况下将奶牛的疾病分为：传染病（如口蹄疫、布鲁氏菌病等）、寄生虫病（如日本血吸虫病、皮蝇蛆病等）、内科病（如瘤胃积食、心力衰竭等）、外科病（如骨折、腐蹄病等）、产科病（如胎衣不下、乳房炎等）。其中部分传染病如布鲁氏菌病、结核病等会人畜互相传染，因此牛场每年会定期进行传染病的普查或检疫，一旦检出会进行扑杀并无害化处理等，确保患有传染病的牛及其产品不会流入市场。

## 26 奶牛病了怎么办呢？

跟我们人一样，奶牛生病了，也会依据病情，按照发病的症状、诱因等分“不同的科室”，进行针对性治疗或处置。

（1）若非传染病，可通过改善饲养管理，使用药物等方式进行治疗。乳房炎、肢蹄病、子宫内膜炎等疾病是奶牛常见的疾病。乳房炎通常采用抗生素、中药治疗；肢蹄病采用临床患病部位局部疗法较为普遍；而子宫内膜炎常通过直接向子宫中注入抗生素或者中药制剂进行治疗。

（2）确诊为传染病时，应及时隔离病牛，因传染病而死亡的牛应作无害处理，处理流程应符合《中华人民共和国国家标准病害动物和病害动物产品生物安全处理规程》GB 16548—2006中的有关规定。

# 第五部分

# 乳品加工

## 27 什么是“生乳”？

依据《食品安全国家标准 生乳》（GB 19301—2010），生乳是指从符合国家有关要求的健康奶畜乳房中挤出的无任何成分改变的常乳。也可以称为生鲜乳或原料奶。

## 28 生乳可以直接食用吗?

不可以!

因为刚从奶牛身上挤出来的生乳中可能会含有结核杆菌、大肠杆菌等多种病原微生物，必须经消毒和质量安全检测后才可食用。

## 生乳是怎么变成各种各样的奶及奶制品的?

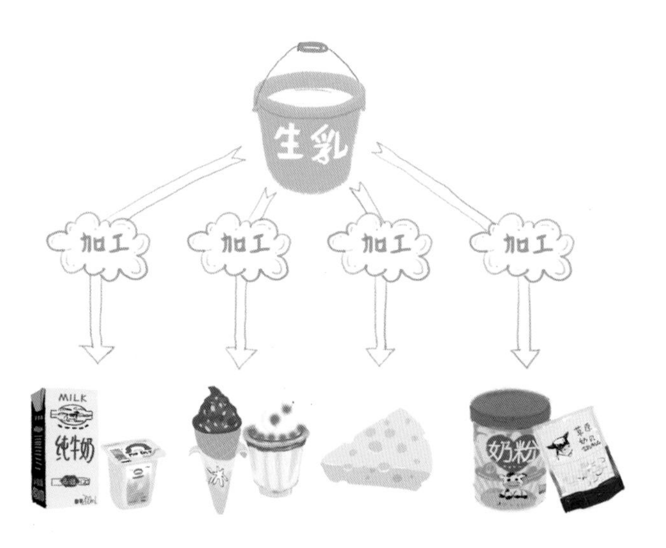


生乳首先要进行净化预处理、冷却、贮存。然后根据不同产品要求，经过合适的杀菌工艺加工，可制成巴氏奶和常温奶。杀菌后接种一定量的乳酸菌发酵剂可以生产出酸奶制品。再加入适量水和辅料经配制或发酵可以生产出不同风味的乳饮料。以饮用水、乳或乳制品、食糖、食用油等为主要原料，添加适量食品添加剂，经混合、灭菌、均质、凝冻及冻结等工艺可以制成冰淇淋等冷冻食品。以生乳为原料，采用喷雾干燥法除去乳中几乎所有的水分，可以制成乳粉制品。以生乳或乳制品为原料，经凝乳酶或其他凝结剂凝乳，排除乳清可以制得奶酪。生乳经过离心分离出乳脂肪可以得到稀奶油，稀奶油再经成熟、搅拌、压炼可以制成奶油。将生乳浓缩至原体积的40%左右可以制成浓缩乳制品——炼乳。

## 30 生乳在加工之前要“体检”吗?

生乳进入乳制品加工厂之前需要进行验收检查，就像人的“体检”一样。生乳的“体检”一般包括6个项目：一是感官检验，主要进行滋味、气味、色泽及组织状态的鉴定，正常的生乳呈乳白或微黄色，有独特的乳香和淡淡的甜味，组织状态一致，无沉淀或异物；二是新鲜度检验，包括煮沸试验、酒精试验、还原酶试验和酸度测定等；三是密度测定，采用乳稠计测定；四是细菌数、体细胞数和抗生素检验、霉菌毒素检测；五是乳成分测定，包括蛋白质、脂肪、乳糖等成分；六是掺伪检验，如三聚氰胺检测等。

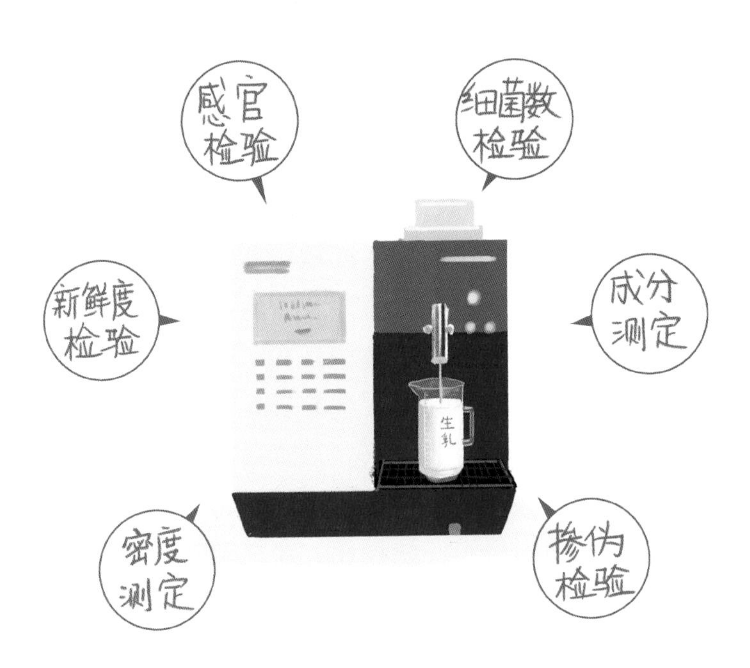

# 为什么国产牛奶比进口牛奶白？

牛奶呈现乳白色是乳化作用所致。

牛奶中有一些蛋白质包裹在细小的脂肪球表面上，能让脂肪球均匀地分散在水里，而且不会互相碰撞而重新聚成大油滴。牛奶的脂肪如果分离出来，就是黄油了，它的黄色来自胡萝卜素。但是，一旦乳化之后，这种黄色就不容易看出来了，而微小脂肪球的光学散射作用使它呈现乳白色。一般来说，脂肪球越小、越密集，散射作用就越强，白色的感觉也会越明显。可是，天然牛奶的脂肪球大小不一致，而且有些确实比较大。所以，通过更细致的“均质”处理，让牛奶在压力下通过非常细小的孔，把大的脂肪球打碎，变成小球，“乳化”得更细致，牛奶的颜色就会变得更白。

随着存放时间延长，细小的脂肪球慢慢地聚集，又会变大，白色就没那么清爽。同时，经过120℃以上的高温灭菌处理之后，牛奶中的乳糖和蛋白质会发生“美拉德反应”，让牛奶微微发生“褐变”。虽然褐变不那么明显，用“色差计”测定一下还是会发现，灭菌处理让牛奶的白度下降了。那些漂洋过海运过来的，能存放半年以上甚至12个月的进口灭菌牛奶，与加热温度仅有80℃，保质期只有几天到十几天的国产巴氏奶相比，颜色肯定就没那么白。总之牛奶颜色白不白与给牛打不打抗生素没有任何关系，也不能作为挑选牛奶产品的标准。

## 32 什么是巴氏消毒？什么是巴氏奶？

巴氏消毒是一种利用较低的温度加热杀菌的消毒方法，这样既可杀死所有致病菌，又能保证产品的营养物质损失最小，保证新鲜纯正的牛奶风味。

巴氏奶，即巴氏杀菌乳，是以新鲜生鲜乳为原料，采用巴氏杀菌法加工而成的牛奶，特点是采用72～85℃的低温杀菌，加热杀菌时间为10～15秒，在杀灭牛奶中有害菌群的同时较好地保存了营养物质和纯正口感。巴氏杀菌乳需要冷藏保存，保质期一般为7天。

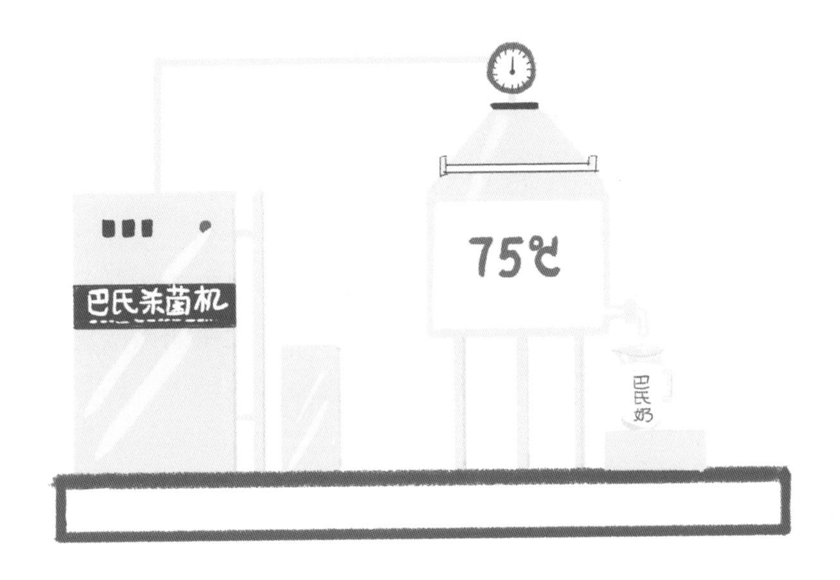

# 33 干酪是如何进行加工的？

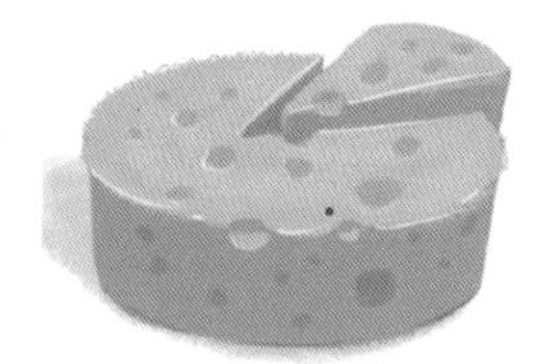

干酪是指在乳中（也可以用脱脂乳或稀奶油等）加入适量的乳酸菌发酵剂和凝乳酶，使乳蛋白凝固后，排除乳清，将凝块压成所需形状而制成的产品，这个过程是乳蛋白（特别是酪蛋白）的浓缩过程，因此，干酪中蛋白质的含量显著高于所用原料中蛋白质的含量。世界上干酪种类近千种，目前市场上已有许多适合中国人口味的干酪系列产品，可以夹在馒头、面包、汉堡里一起吃，或与色拉、面条伴食。

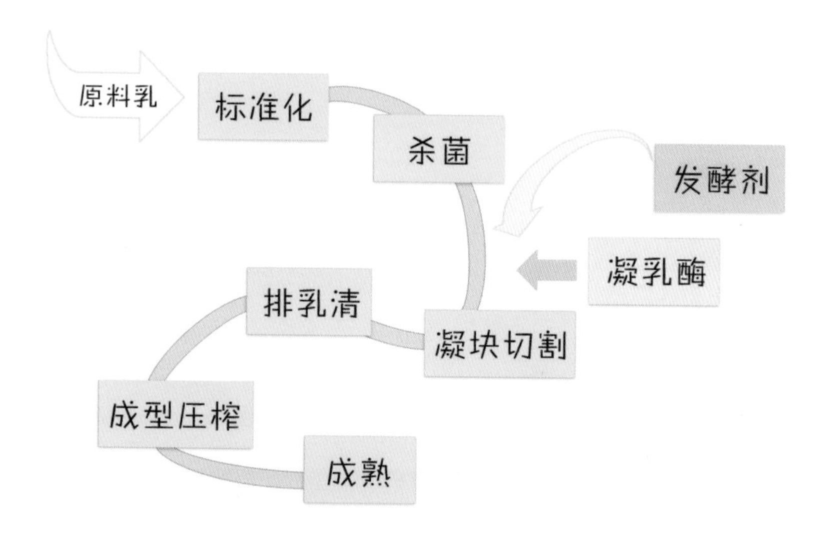

## 巴氏杀菌奶和常温奶营养成分一致吗？

不太一样！

巴氏杀菌奶和常温奶都是通过加热杀菌加工的产品，而加热处理都会在一定程度上破坏某些对热敏感的营养成分。

常温奶就是可以在常温下贮藏、流通、不需冷藏的乳制品，属于商业无菌产品。可以分为超高温灭菌（UHT）乳和二次高温长时间杀菌乳，即采用超高温瞬时灭菌技术生产加工，并在无菌环境中灌入无菌包装内的液态产品。其生产工艺是在135～150℃下加热3～5秒，并迅速冷却至接近室温后无菌灌装。

两者比较，乳中主要的营养成分是相同或相近的。但是，常温奶要经过更加严酷的热处理以杀死几乎全部微生物来保证产品能在常温下保存不变质，但也不可避免地以“牺牲”了相对较多微量营养物质为代价，如许多维生素和可溶性活性蛋白。巴氏杀菌奶的口感和风味要比常温奶更加新鲜、纯正。但常温奶较长的保质期和常温保存，也为消费者带来了便利。

VS

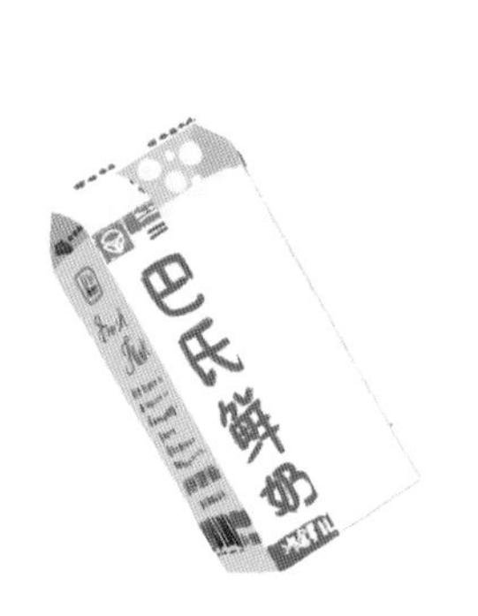

| | | 巴氏杀菌乳 | UHT乳 |
|---|---|---|---|
| 乳蛋白 | 酪蛋白变性率（%） | 影响甚微 | 影响较小 |
| | 乳清蛋白变性率（%） | 10～20 | 60～90 |
| | 微量活性蛋白变性程度（%） | 部分仍具有一定的活性 | 绝大多数已失活或变性 |
| | 赖氨酸损失率（%） | 1.8 | 3.8 |
| | 蛋氨酸损失率（%） | 10 | 34 |
| 矿物质 | 可溶性钙、磷损失 | 变化损失小 | 30%～50%部位不可溶 |
| 维生素 | 维生素C损失率（%） | 10～20 | 20～40 |
| | 维生素$B_1$损失率（%） | 5～10 | 10～35 |
| | 维生素$B_{12}$损失率（%） | 5～10 | 15～30 |
| | 叶酸损失率（%） | 4～10 | 20～35 |
| 副产物 | 糠氨酸（mg/100g蛋白质） | <12 | <140 |
| | 乳果糖（mg/L） | 2.7～58.0 | <600 |
| | 羟甲基糠醛（μmol/L） | 0.5～4.9 | 3.1～16.8 |

## 35 果味酸奶中果粒能替代水果吗？

将果汁或果酱、果粒添加到酸奶中，即为果味酸奶。果粒酸奶中的果粒不是鲜果，而是经过高温煮制的果酱，已经不能和新鲜水果的营养价值相媲美。即便是真果粒，由于酸奶的保质期是21天，放了三个星期的果粒，营养价值也会打折扣。通常，果味酸奶中浓郁的香味主要来自水果香精。所以想从果粒酸奶中摄取水果营养是不现实的。在条件允许的情况下，自己喝原味酸奶配新鲜水果更好；饮食多样化更多时候适用于天然食物的多样化，不要过分看重“组合口味”食品的营养价值。

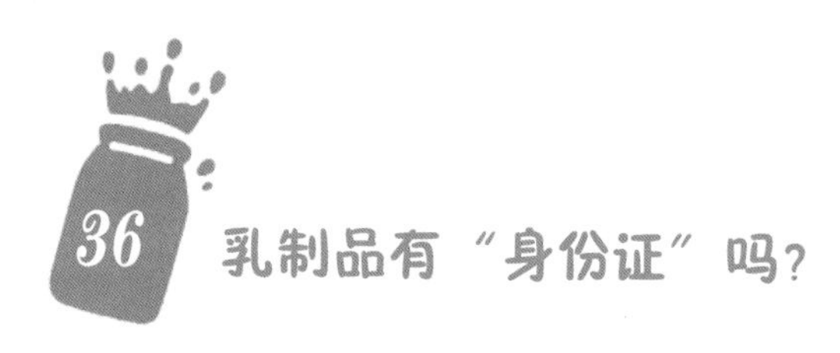

## 36 乳制品有“身份证”吗?

乳制品有质量身份证。

为确保乳制品质量安全，必须从乳制品生产源头抓起，乳品可追溯系统是控制乳品质量安全的有效手段，就是指在乳品供应的整个过程中对乳品的各种相关信息进行记录存储的质量保障系统，其目的是在出现乳品质量问题时，能够快速有效地查询到出问题的原料或加工环节，必要时进行乳品召回，实施有针对性的惩罚措施，由此来提高乳品质量水平。

# 第六部分

# 饮用知识

# 牛奶为什么有营养？

牛奶中几乎含有人体所需要的各种营养成分。每1 000克牛奶中约含35克蛋白质（约3.5%）、40克乳脂（约4%）、50克乳糖（约5%）、7克矿物质及各种维生素（约0.7%）；还有许多植物性食物没有的未知因子，如生物活性乳蛋白、β-乳球蛋白、α-乳白蛋白、乳铁蛋白、免疫球蛋白、溶菌酶、乳过氧化氢酶、糖巨肽、硫酸肽、低聚糖、共轭亚油酸、极性脂类、神经节苷脂、生长因子、褪黑素等有利于人体健康的物质。因此，牛奶被称为“最接近完美的食品”。

每一瓶牛奶（半磅或227克装）中所含蛋白质相当于55克的鸡蛋，所含脂肪相当于385克的带鱼，所含热量相当于120克的猪肝，所含钙相当于500克的菠菜，所含磷相当于300克的鸡肉，所含维生素A相当于125克的活虾，所含维生素$B_2$相当于225克的羊肉。

## 38 乳制品的分类有哪些？

乳制品主要包括液态乳、发酵乳、干酪、奶粉等。液态乳根据杀菌强度的不同分为巴氏杀菌乳和灭菌乳，其中灭菌乳根据加热方式的不同分为超高温瞬时灭菌乳（UHT乳）和保持灭菌乳。发酵乳是以生牛（羊）乳或奶粉为原料，经杀菌、发酵后制成的pH值降低的产品，包括酸乳和风味发酵乳。乳粉是以生牛（羊）乳为原料，经加工制成的粉状产品，其中调制乳粉是典型代表。调制乳粉是以生牛（羊）乳或其加工制品为主要原料，添加其他原料，添加或不添加食品添加剂和营养强化剂，经加工制成的乳固体含量不低于70%的粉状产品。

乳制品

生乳

## 全脂奶、低脂奶和脱脂奶有何区别？

根据牛奶中脂肪含量的不同，可以将纯牛奶分为全脂奶、低脂奶和脱脂奶。其中，全脂奶的脂肪含量≥3.1%，低脂奶≤1.5%，脱脂奶≤0.5%。这三种奶在蛋白质和矿物质含量上的区别不大。其差别在于，全脂奶的热量和脂肪含量要高于其余两种奶。简单讲，就是每包250毫升的全脂牛奶比脱脂牛奶多出约6.5克脂肪。全脂奶的优势在于其具有柔滑的口感和浓郁的奶香味，且在最大程度上保留了牛奶的营养物质，含有丰富的脂溶性维生素A、D、E、K等，它们不仅对健康有益，而且还有助于牛奶中矿物质的吸收利用。另外，全脂牛奶中还含有一种独特的成分——磷脂，它对婴幼儿脑部及智力发育至关重要，对青少年及成年人的记忆起到改善作用。正常适量饮用全脂牛奶并不会使人发胖，因为牛奶85%以上的成分都为水，脂肪占比仅为3%左右，每天喝500毫升牛奶相当于食用约13克脂肪，与禽、畜肉类及坚果脂肪含量较高的食物相比，牛奶并不属于高热量食物。

脱脂奶和低脂奶的优势在于其降低了脂肪的摄入量，适合于肥胖人群、高血脂和心血管疾病等要求低脂膳食的人群。但对于青少年和心血管健康的人群来讲，应该首选全脂奶。

## 40 巴氏灭菌奶、超高温灭菌奶和还原奶的区别？

目前市场常见的牛奶种类有巴氏灭菌奶、超高温灭菌奶和还原奶。俗话说，适合自己的才是最好的。只有充分了解不同奶制品之间的差别，才能尽快购买到适合自己的牛奶。

巴氏灭菌奶是指生奶在72～85℃条件下灭菌10～15秒后的牛奶，简称为巴氏奶，也叫低温奶、鲜牛奶。巴氏灭菌奶保存了牛奶中绝大部分的营养成分，此类牛奶的成分和风味与鲜牛奶最为接近，但是保质期较短，一般为7天，并且需要低温保存，所以，消费者如果没有低温贮存条件，在购买巴氏灭菌奶后一定要及时饮用。

超高温灭菌奶是指将生奶加热到135～150℃，再持续加热3～5秒后的牛奶，又称纯牛奶、常温奶、高温奶、超高温瞬时消毒奶、超高温热处理奶。因为经过高温处理，此类牛奶中的一部分营养成分如维生素等因不耐热而遭到破坏。与巴氏奶相比，超高温灭菌奶虽然营养价值和口感相对降低，但仍保留了生奶的主要营养价值，并且保质期长达1～6个月之久，无需低温保存，所以，超高温灭菌奶适用的消费者范围更广。

还原奶是指把原乳浓缩，干燥成乳粉，再添加适量水，制成与原乳中的水、固体比例相当的液体，通俗地讲，还原奶（即复原乳）就是用奶粉勾兑还原而成的牛奶。与高温奶和巴氏奶相比，还原奶由于经过两次超高温处理，其营养成分会进一步流失，是目前市场上流通的奶种类中营养价值较低的牛奶。消费者在购买时应特别注意还原奶的标注，将其与高温奶和巴氏奶进行区分。

## 牛奶的色香味是怎么来的?

色——“乳白色”是人们惯用的一种颜色称谓，它源自牛奶。乳白色不是纯正的白色，而是白色中略微偏黄。其中的白色是由于牛奶中的酪蛋白酸钙、磷酸钙胶粒和脂肪球等微粒对光的不规则反射而形成的，而奶中的脂溶性胡萝卜素、核黄素则为牛奶添加了些淡黄的颜色。

香——开启一瓶优质的牛奶，立刻就会闻到一股浓郁的奶香味。新鲜的奶油蛋糕、冰淇淋也正是凭借这种特殊的奶香味，赢得各种人群的喜爱。这是因为牛奶中含有挥发性的脂肪酸等物质，它在挥发释放时会产生诱人的奶香味。这种挥发性香味会随着温度的升高而加强，我们在加热牛奶的时候就可以感觉到这一点，而刚从冰箱中拿出的牛奶就似乎没有那么香了。

味——纯净新鲜的牛奶带有一种自然的甜味，这是因为牛奶中含有乳糖。如果再细细品味，便还能感受到一点咸味，这时你尝到的是牛奶中含有的氯离子。牛奶中还会有轻微的苦味和酸味，它们则来自牛奶所含的镁和钙，以及柠檬酸和磷酸。

## 42 如何挑选好的牛奶？

一是看生产日期，当然越新鲜的越好啦，同时要仔细查看产品标签，了解产品的基本情况和组分；二是看其杀菌方法，低温巴氏杀菌可以使牛奶的绝大部分营养成分不被破坏，因此尽量选择保质期短的巴氏杀菌奶；三是就近选择当地厂家生产的牛奶，本地奶企通过使用本地牛场生产的优质原奶，可以保证牛奶的品质；四是根据自身的需求和口味选择牛奶，比如老年人可以选择脱脂牛奶、高钙奶等，小孩选择全脂奶、CLA（天然不饱和脂肪酸）牛奶等。

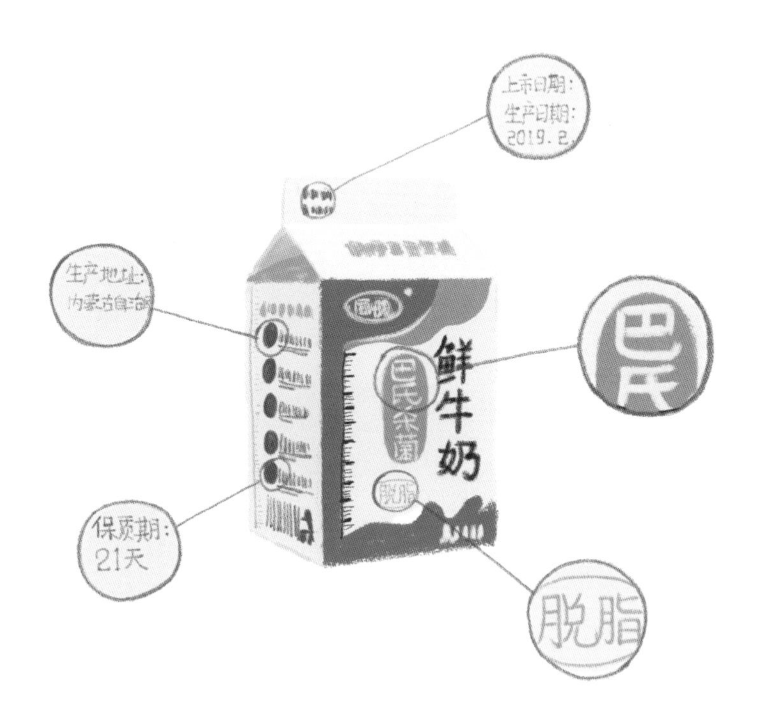

# 舍饲奶牛与放牧奶牛所产的奶有区别吗？

奶牛饲养有两种方式：放牧和舍饲。在草原放牧奶牛时饲养成本低，肢蹄病少，奶牛利用年限长，但产奶量不高；在牛舍饲养奶牛时饲喂精/粗饲料，规模大，环境容易控制，设施先进，产奶量高，奶牛利用年限短。以上两种方式下饲养的奶牛，所产牛奶的品质和营养成分几乎没有差别。随着现代奶牛饲养管理技术的精准化和智能化，我国舍饲奶牛的健康水平和奶牛利用年限已接近放牧的奶牛。

## 牛奶、奶酪、酸奶，哪种营养最高？

10千克的牛奶经过提炼、发酵，才能制成1千克的奶酪。因此奶酪中各种营养成分的含量比等量的牛奶、酸奶要高得多。例如，每100克奶酪中含有799毫克的钙，大约是等量牛奶或酸奶的7倍。每100克奶酪中含有152微克的维生素A，大约是等量牛奶或酸奶的6倍。由于奶酪是由牛奶发酵制成的，因此它也含有丰富的乳酸菌。

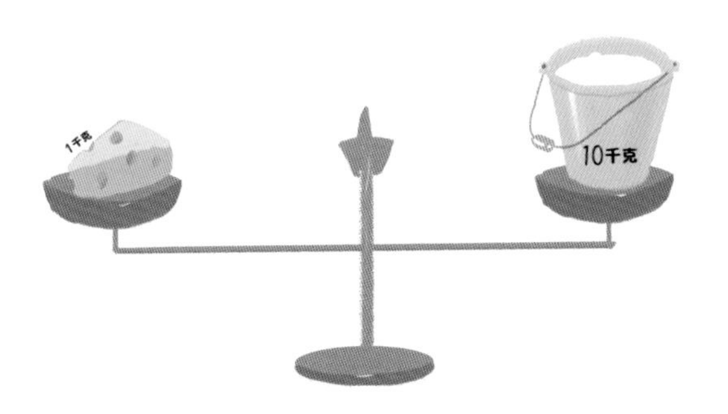


此外，奶酪中的脂肪和热量都较多，但胆固醇的含量却较低，这对保护心血管的健康是很有好处的。另外，奶酪具有护眼、护肤、护齿、维持肠道菌群平衡、增强人体抵抗力、促进新陈代谢等多种功效。虽然牛奶中也含有很高的钙，但与牛奶相比，酸奶中所含的乳酸与钙结合，更能起到促进钙吸收的作用。需要注意的是，奶酪中含有较多的蛋白质，细菌很容易在其表面繁殖。因此，人们应将奶酪放在冰箱里保存，吃的时候再拿出来。

# 调制乳和纯牛奶区别有多大？

根据《中华人民共和国食品安全法》，调制乳是指以不低于80%的生牛（羊）乳或复原乳为主要原料，添加其他原料或食品添加剂或营养强化剂，采用适当的杀菌或灭菌等工艺制成的液体产品。纯牛奶是以生牛（羊）乳为原料，添加或不添加复原乳，采用适当的杀菌或灭菌等工艺制成的液体产品。两种乳制品最大的区别就是蛋白质含量。食品安全标准要求调制乳的蛋白质含量不低于2.3克/100克，而巴氏杀菌乳和灭菌乳的蛋白质含量不得低于2.9克/100克。简单来说，就是纯牛奶的蛋白质含量要比调制乳更高。另外一个区别就是调制乳含有其他添加物，纯牛奶一般不含有其他添加物，只含有生牛乳。

那么，我们在购买奶制品时，如何区分牛奶和调制乳呢？

关键要做到“三看”。一看产品类型，标注的是纯牛奶还是调制乳；二看产品标准号，是GB 25190（纯牛奶）还是GB 25191（调制乳）；三看产品配料表，如果配料表只有生牛乳，没有其他添加物，那就是巴氏杀菌鲜牛奶或纯牛奶，如果配料表第一位是生牛乳，其次是食品添加剂、营养强化剂等，就属于调制乳。

## 46 “散打的鲜奶”比完整包装的牛奶更新鲜吗?

正规市场销售的有完整包装的“鲜奶”是按照国家标准生产的，其中对鲜奶的加工条件与设备、原料乳检验、加工工艺与包装、产品贮藏与运输标准都做了具体规定。我国禁止生乳上市销售，严禁未经消毒的散奶上市销售，主要有以下原因:

散装牛奶是“生牛奶”，由于挤奶、运奶、卖奶卫生条件差，冷藏条件难以保证，有时卖奶时间过长等，导致散奶内的细菌大量繁殖，细菌含量高，即使消费者购买后加热煮沸，也难免大量的细菌毒素等对消费者的健康产生危害。

直接购买和食用生乳还存在一定的食品安全风险，存在被结核杆菌、布氏杆菌等人畜共患病感染的可能。同时，有些卖奶人员没有或违规持有“健康证”，自身患有的疾病可能对消费者的健康带来风险，出了“问题”难以对消费者的权益进行保护。

通常情况下，生乳很难达到可直接饮用的标准，国内外都有因食用生乳而引发食物中毒的报道。因此，建议大家不要购买、饮用在社区和街头兜售的“散装”生乳。

## 47 牛奶加热后为何会出现一层“皮”？“奶皮”越厚牛奶品质越好吗？

正常牛乳中含有4%左右的脂肪，当牛乳加热到80℃以上时，由于水分的蒸发和乳脂肪的上浮以及蛋白质的变性，其表面会形成“奶皮”，但现代的乳品加工引入“均质”处理，将脂肪球进一步打碎，使乳脂肪均匀分散在牛乳中，这样更利于人体的吸收和消化，能够很好地避免“奶皮”的形成。所以，仅从加热后表面“结皮”的多少来判断奶的质量好坏是不科学的。

## “含乳饮料”是乳吗？

超市中常见的酸酸乳、乳饮料因为好喝，深受孩子们的喜欢，很多家长认为包装名称上有“乳”字，应该就是乳制品。其实这些产品名称虽然带着“乳”，但它们并不属于乳制品。含乳饮料与牛奶营养价值不同，主要有两个方面的差别。首先是乳蛋白含量，国家标准明确规定，牛奶中乳蛋白的含量大于2.8%，而含乳饮料乳蛋白的含量一般不超过1%。其次是主要成分，从配料表中可以看出纯牛奶和巴氏杀菌奶的第一位成分是生牛乳，一般不添加其他原料。而含乳饮料的第一位成分是水，其次是鲜牛奶、白砂糖、全脂奶粉、低聚异麦芽糖及各种食品添加剂。国标《含乳饮料》中规定：“含乳饮料是以乳或乳制品为原料，加入水及适量辅料经配制或发酵而成的饮料制品”。因此，含乳饮料的本质是饮料。

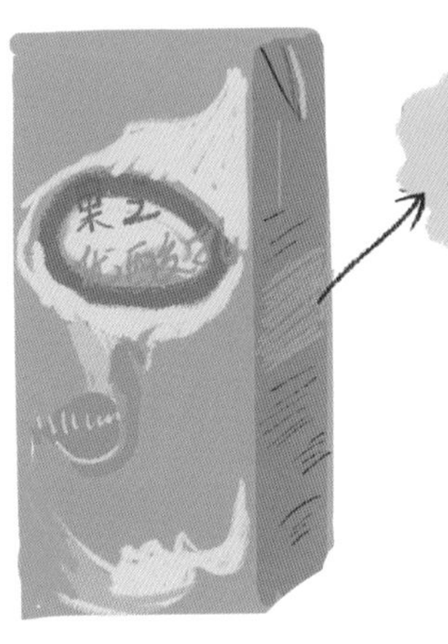


所以，我们根据产品配料表和营养成分表就可以辨别是乳还是饮料。

# 49 保鲜袋奶开包后在冰箱中能放多长时间？

如果开包后的保鲜奶不能一次全部喝完，可将保鲜奶封口后放入冰箱的冷藏室中保存。开包后的保鲜奶在冰箱里的保存时间与保鲜奶的产品质量、生产日期、开包时的环境状态、冰箱的冷藏温度、冰箱内部的卫生状态等都有直接关系，一般只能存放1～2天，而且要注意开口后应尽快封口放入冰箱，冰箱温度在4℃左右。这样的保鲜奶在下次饮用之前还需加热，因为即使在冰箱的4℃环境中，有一些嗜低温微生物也可以生长繁殖，仍然能够对人体的健康造成威胁，所以饮用之前，最好再加热一下。

# 50 牛奶可以当水喝吗？

不可以！

牛奶的主要成分是水，约占87%～89%，所以，牛奶是可以用于补充人体的必需水分的。但是，牛奶中干物质含量为11%～13%，尤其蛋白质和脂肪含量较高，适量饮用有益于身心健康和生长发育，如补充乳蛋白、脂肪和钙质等。但是，长期过量饮用可能会加重肝肾负担、导致肥胖或代谢不良等。因此，不能无节制地饮用牛奶。一般建议每天最多1升。

## 牛奶连袋加热可致铝中毒吗？

不会的。

关于食品的包装材料，我国有相应的国家标准。枕装奶的包装袋主要由三种材质组成，最外层主要是纸质材料，上面印刷着牛奶的产品介绍，中间是薄薄的软质金属层，最里面还有一层薄膜。铝箔包装的最里面是一层聚乙烯膜，普通水煮沸的温度不能破坏铝箔。铝材料是比较稳定的，简单煮沸不会发生变化。因此，用煮沸的方法加热枕装牛奶不会使聚乙烯膜破损，铝箔中的铝也不会析出。

在包装符合国家标准的情况下，带包装煮牛奶并不会造成铝超标。当然，牛奶包装袋主要还是为了便于市民购买和携带，并不是用来作为加热容器的。如果想要加热的话，最好还是倒在容器里进行加热。

## 牛奶能带着袋一起加热吗？

家庭通常使用的加热手段有微波加热和蒸煮加热。微波加热对被加热食品的包装材料或容器有特殊要求，尤其是由金属复合膜包装的袋装牛奶是绝对不允许用微波加热的。而且微波加热不适合包装密闭的食品，袋装牛奶在微波加热后容易膨胀甚至破裂，所以袋装牛奶不适合连袋微波加热。

如果采用蒸煮加热，在较低温度下可以带袋加热。如果蒸煮温度较高，牛奶中含有水分和少量的气体，水在高温下会汽化生成水蒸气，体积膨胀引起包装袋破裂，所以最好不要带袋高温蒸煮加热。

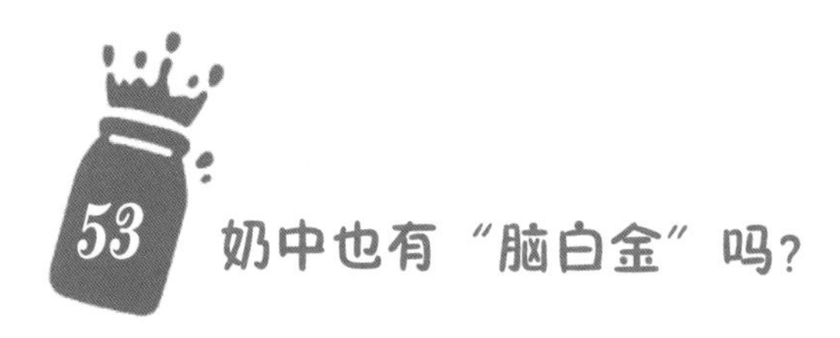

## 53 奶中也有“脑白金”吗？

逢年过节，总能在电视屏幕上看到卡通老人蹦蹦跳跳地唱着：“今年过节不收礼，收礼只收脑白金”。脑白金具有改善睡眠和提高免疫力的作用，因而受到大家的喜爱。脑白金中是什么成分发挥作用的呢？其实它的有效成分是褪黑素。那么褪黑素到底是什么呢？为什么会有如此神奇的功效？

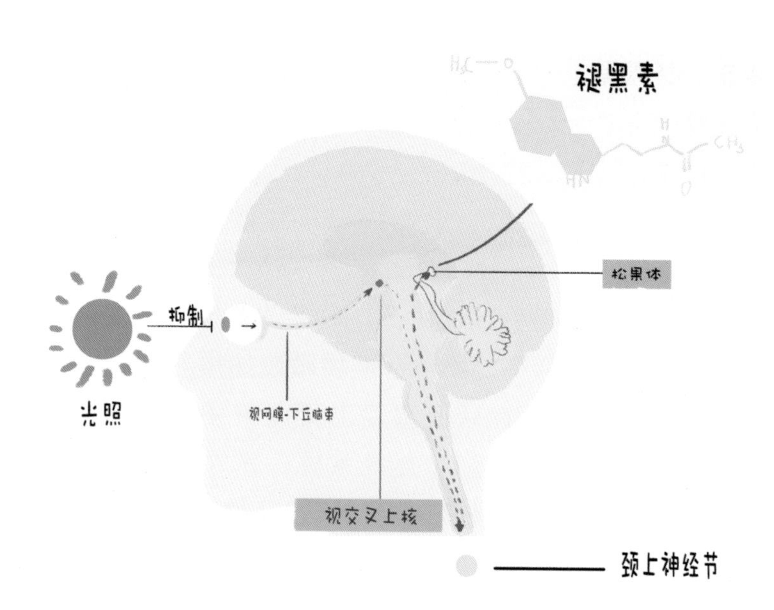


褪黑素（N-乙酰基-5-甲氧基色胺，英文：Melatonin），亦称美拉酮宁、抑黑素、松果腺素，主要由哺乳动物的松果体分泌。因为其能够使两栖类动物产生黑色素的细胞颜色变浅，故命名为褪黑素。褪黑素具有生物钟功能，在体内的分泌具有昼夜、季节节律，在生物体中的含量水平随昼夜交替而变化。褪黑素的主要作用有：一是在内分泌和神经系统调节中发挥多种生理功能，包括促进睡眠、抗衰老、免疫调节、抗肿瘤等作用；二是能够调节位于下丘脑视交叉上核的生物钟，从而能缩短睡前觉醒时间和入睡时间，改善睡眠质量；三是能够清除体内过量自由基，保护机体免受氧化损伤；四是参与神经免疫调节，提高外周血中淋巴细胞百分数，促进抗体形成及T、B淋巴细胞增殖反应，刺激细胞因子产生，提高机体免疫力。

褪黑素如此神奇，那么它都在哪里呢？其实我们周围的很多食物中都含有褪黑素，包括各种乳制品。科学研究发现，人乳中含有褪黑素，并且具有节律性，白天含量低，夜间含量高。同样，牛奶中也含有褪黑素，夜间褪黑素分泌水平升高。儿童日常生活节律尚未充分形成，高褪黑素的牛奶在夜间能够帮助儿童形成生活节律。有研究表明，饮用富含褪黑素的牛奶，可以改善老人的睡眠质量，并且提高他们的日间活动水平。

现在知道了吧！其实脑白金对于我们并不陌生，每天一杯奶，健康新生活。

## 为什么有人喝奶后有腹胀等不适，他们真的不能喝奶吗？

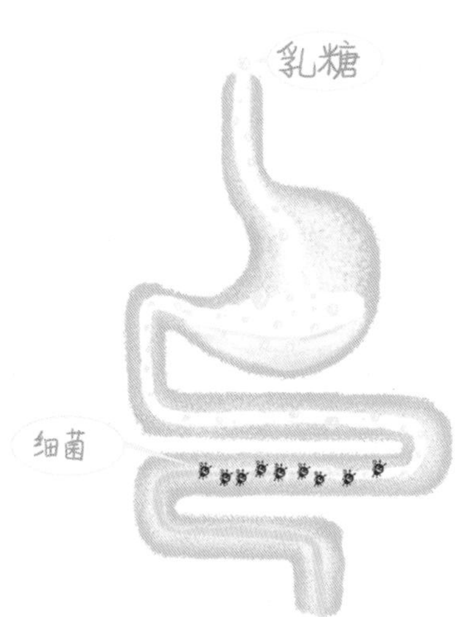


喝奶后发生腹胀等不适，称为乳糖不耐受。乳中的糖类称为乳糖，乳糖是一种双糖，由葡萄糖和半乳糖组成，这种糖具有很好的营养作用（如促进矿物质吸收、有助于大肠有益菌群等）。但乳糖在人体内不能直接被吸收，需要小肠分泌一种专用的“乳糖酶”才能消化吸收它。一般人体内都有乳糖酶，所以饮用纯奶后没有不良反应。遗憾的是，一部分成年人小肠黏膜细胞不能分泌这种酶，或乳糖酶活性较低（较低者更常见），所以不能很好地消化吸收奶类中的乳糖，这些人称为“乳糖不耐受者”。他们一旦摄入乳糖，未被消化的乳糖直接进入大肠，被大肠内的细菌发酵，产生气体；并由于渗透压增大的缘故，大肠内水分增加，继而导致不适、腹痛、腹泻、腹鸣等症状。

乳糖不耐受人群，应避免空腹喝奶，可以少量多次，还可以选择乳糖含量相对较低的乳制品。

## 55 为什么有些包装的牛奶能存放好几个月，是添加防腐剂了吗？

细心的消费者会发现，目前市场上销售的牛奶保质期相差很大，有的标明只有几天，可有的却长达几个月。

牛奶是营养成分最全面的食品之一，微生物也最容易在牛奶中生长繁殖，一般在挤奶和储运过程中，牛奶能接触到微生物，从而导致牛奶在常温下的保质期较短。鲜奶要在常温下保存较长时间，必须将牛奶中的绝大多数微生物杀灭（多采用超高温灭菌），采用无菌灌装技术及合适的包装材料使灭菌后的鲜奶不被细菌二次污染。

目前，牛奶的无菌包装技术已经在许多乳制品加工企业应用，采用复合塑料袋、纸塑复合等多种形式包装，这些奶完全不必添加防腐剂，可以有较长的保质期。

## 一天喝多少牛奶最合适？

一般来说，7～10岁学龄儿童，每天喝500毫升牛奶，即早晚各一瓶即可。成年人每天至少喝250毫升左右，即一瓶牛奶，喝500～750毫升牛奶更佳，但不宜超过1 000毫升。即每天喝奶“保证一瓶，争取二瓶，最好三瓶，不超四瓶”。

如有乳糖不耐受情况，即喝牛奶后出现腹胀、轻微腹痛和腹泻等，则可尝试喝酸奶，或从少到多，慢慢增加牛奶量。

## 57 如何挑选好酸奶？

购买酸奶时，重点需要关注的是产品种类、配料、营养标签、活菌含量、贮藏条件等。具体来说，以100%生乳为原料的酸奶略胜一筹，可以考虑优先购买。活菌量达标也很关键，一般都会标注出厂时的菌数，不应低于$1 \times 10^6$CFU/毫升（100万/毫升），需要低温保存。随着贮藏时间的延长、温度的升高，活菌会减少，因此，在购买酸奶时，生产日期越新越好。

## 酸奶杯盖上的一层“乳”是怎么形成的？不舔就浪费了吗？

酸奶杯盖上有没有这一层“乳”，与酸奶的制作工艺有关。酸奶按加工方式分为凝固型酸奶和搅拌型酸奶两类。这两种酸奶在营养价值上没有差别，最大的区别在于酸奶制作时，“发酵”和“灌装”这两项工序进行的先后顺序。

凝固型酸奶（例如我们平时吃的老酸奶）的发酵过程是在包装容器中进行的，这种酸奶通常表面细腻滑爽，质地比较“厚实”，因此吃的时候一般需要用勺子挖着吃。

搅拌型酸奶在发酵后对酸奶进行搅拌，待发酵完成后再进行灌装。这种酸奶是比较稠的液体，流动性比较强，可以用勺子挖着吃，也可以用吸管吸着喝。在酸奶运输过程中，搅拌型酸奶质地较软、流动性强，难免会在杯里晃来晃去，其中的一部分酸奶就会被“甩”到盖子上，并且粘在上面。

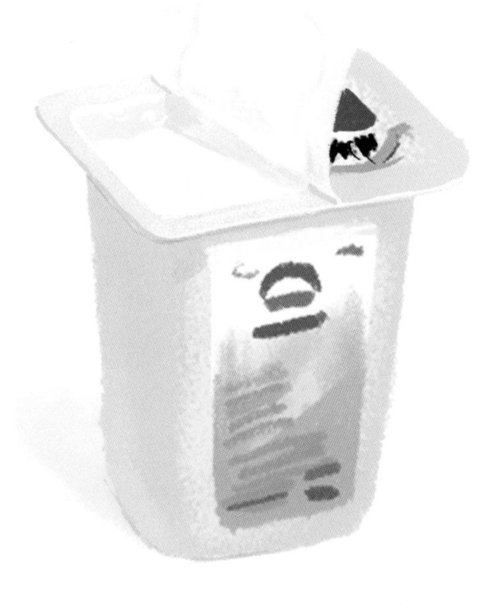

酸奶杯盖上这层“乳”的本质仍然只是杯中的酸奶，其营养和杯中余下的酸奶没有差异。由于它的水分含量较少，黏稠度更高一些，因此口感更为香醇。

## 59 酸奶为什么是酸的？

酸奶是指以生鲜乳为主要原料，经杀菌后冷却到42℃后，再接种乳酸菌制剂（一种发酵剂），进行乳酸发酵、产酸、蛋白凝固而得到的凝固型乳制品。在发酵过程中，乳中的部分乳糖经乳酸菌发酵产生乳酸，使牛奶凝固成酸奶并产生酸味，所以酸奶是酸的。正因为如此，酸奶也降低了乳糖含量，使乳糖不耐受的消费者可以放心地食用，避免了因喝鲜牛奶产生拉肚、腹泻、胃肠不适等症状。



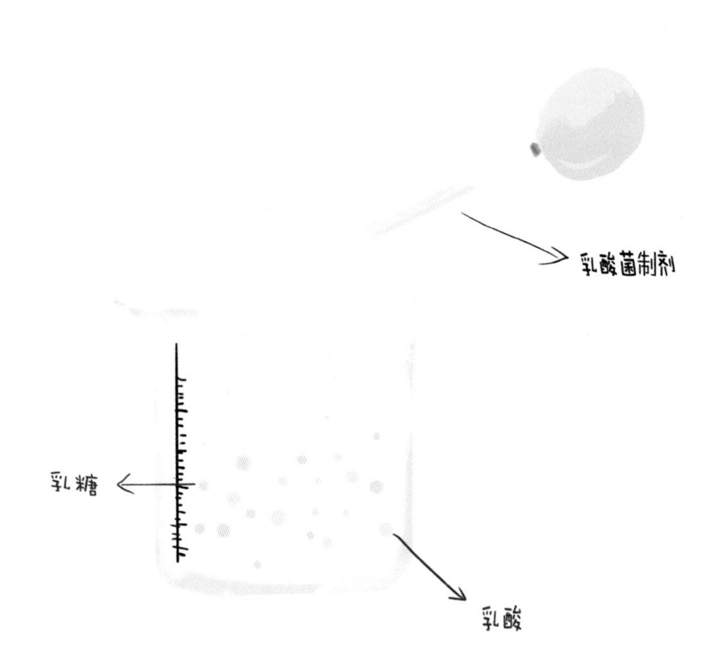

# 60 酸奶越浓稠越好吗？

酸奶的浓稠度与营养没有直接关系，与制作方法密切相关。

根据制作方式不同，酸奶分为凝固型和搅拌型。我国传统的玻璃瓶和瓷瓶的酸奶就属于凝固型酸奶，是将奶直接放在容器里面再发酵制成的。比较稀的酸奶属于搅拌型酸奶，是在酸奶发酵好了以后，加入果粒、果酱等辅料搅拌，再灌入杯中得到的。与搅拌型酸奶相比，凝固型酸奶口感浓稠。

酸奶中添加增稠剂，是改善酸奶口感和感官的途径之一。增稠剂是食品添加剂的一种，食品添加剂伴随着食品加工而出现，已有长久的历史，消费者不必谈添加剂而惊慌。就食用的增稠剂而言，按照国家相关标准的限量添加，对于消费者并没有坏处。酸奶中常见的增稠剂是明胶和膳食纤维。明胶是蛋白质胶体，容易被人体消化吸收。膳食纤维包括海藻胶、果胶等，能润肠通便，没有热量，对人体有益无害。所以，浓稠不是决定酸奶质量好坏的标准，只是外型和口感有区别而已。

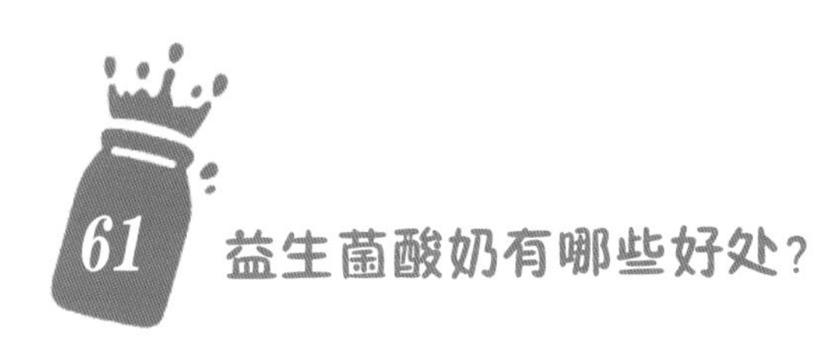

# 61 益生菌酸奶有哪些好处？

酸奶按添加的菌种不同可分为普通酸奶和益生菌酸奶。普通酸奶仅含有两种特定的乳酸菌（保加利亚乳杆菌和嗜热链球菌），这两种菌是酸奶的发酵菌，并不是益生菌，并且它们不耐酸，不能在肠道生存；另一类是益生菌酸奶，除了含有保加利亚乳杆菌和嗜热链球菌，还含有其他乳酸菌如嗜酸乳杆菌、双歧杆菌、鼠李糖乳杆菌等，这些菌种具有良好的耐酸性和肠道生存能力。

益生菌酸奶含有活的益生菌，益生菌进入人体肠道，生存在肠道上，抑制有害菌、致病菌，调节人体肠道微生态的平衡。理论上来说，它会比普通酸奶对人体更有益。但是，益生菌要达到足够的活菌数，才能起到理想的保健作用。

## 婴幼儿多大以后可以喝酸奶?

为保证婴幼儿能够维持自身消化功能，减少外来酸性食物对婴幼儿肠胃正常内环境的干扰，一般建议1岁以后的婴幼儿可以开始饮用酸奶。建议给宝宝优先选择无蔗糖纯牛乳发酵的原味酸奶，以预防嗜甜不良习惯和龋齿，一般每天摄入量50～100毫升为宜，随着年龄增长可逐渐增加。

同时，尽量不要空腹给宝宝饮用酸奶，这样既减少对胃肠道的刺激，又利于酸奶营养物质的吸收。不足1岁的幼儿，不推荐喝酸奶，只有当服用抗生素药物后，遵照医嘱可适时适量饮用酸奶。

## 常温酸奶和冷藏酸奶有啥不一样，两者谁更好？

常温酸奶是指经高温杀菌处理、不需要冷藏的酸奶，其在常温下可以保存数月。常温酸奶虽然在口感、风味上和需要冷藏的酸奶差不多，其中的钙质、蛋白质等营养成分也与普通冷藏酸奶差不多，但是由于发酵后经过高热杀菌处理，其中已经不含有活性乳酸菌了。

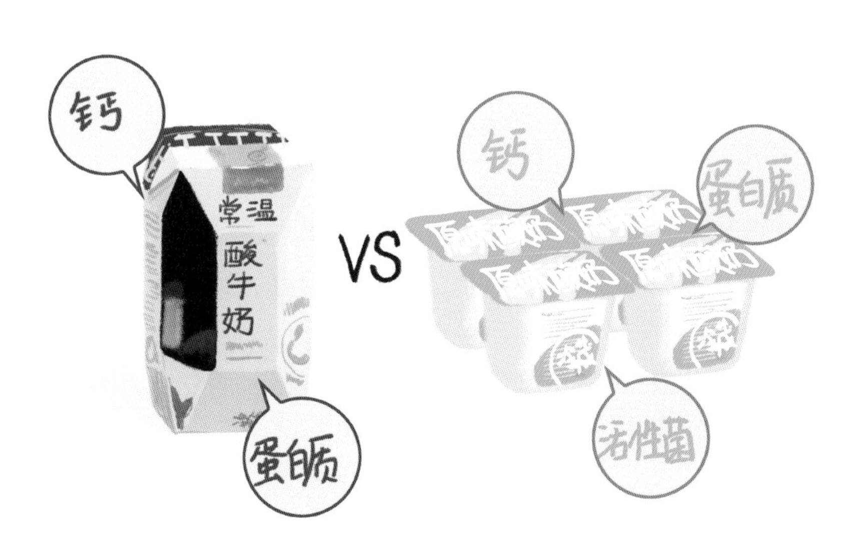


那我们应该如何选择呢？有冷藏条件的建议首选低温冷藏酸奶，因为其含有丰富的乳酸菌。在没有冷藏条件的情况下，常温酸奶也是一个不错的选择，因为即便是乳酸菌全部被杀死，常温酸奶中至少还含有蛋白质、钙等人体所需营养物质。

## 64 酸奶能放微波炉里加热吗？

如果肠胃接受不了冷饮，可以将酸奶用微波炉加热，但需要注意选择中档火力，半分钟左右就可以加热到常温（25℃），加热时间过长或者火力过大（温度超过60℃），大量活性乳酸菌会被杀死，营养价值会大大降低，还会使酸奶变得稀薄，口感变差。同时，加热后的酸奶应尽快饮用，由于乳酸菌在高温下很活跃，如将加热后的酸奶长时间放置，极有可能导致酸奶的二次发酵，使其味道变得更酸，甚至变质。

# 65 儿童什么时候开始饮用鲜牛奶合适？

3～12岁这一时期，正是儿童生长发育的重要阶段，他们的身高年均增长可以达到5～7.5厘米，体重年均增长足有2千克，这一时期正是儿童通过饮用鲜奶促进生长的最佳时期，应多饮奶。而早餐和晚上睡前是儿童饮奶的最佳时间。配合早餐一起饮用，能够增加牛奶在儿童肠胃中停留的时间，从而提高对营养元素的吸收率；晚上睡觉前饮奶，能一定程度上起到安神健脑作用，促进儿童生长。

## 66 成年人什么时间喝牛奶效果最佳？

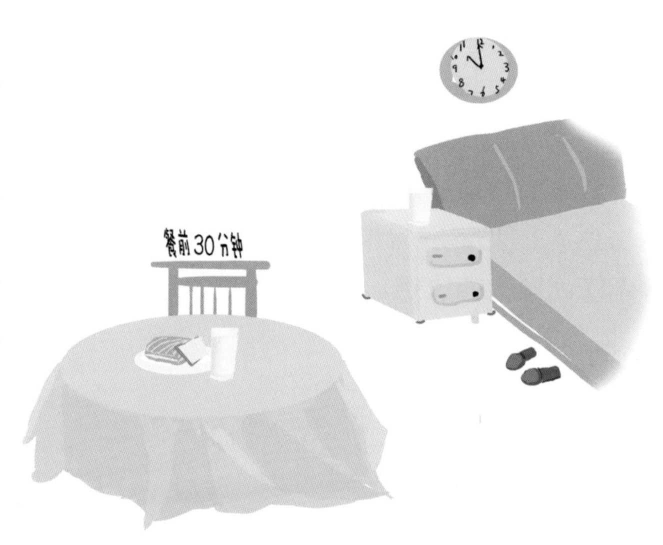


餐前喝牛奶的效果相对更好些！餐前喝牛奶能够更有效地控制餐后血糖的上升，而餐后血糖上升延缓，意味着餐后的饱腹感能持续更长的时间，餐后合成脂肪的风险也会明显下降，显而易见，餐前喝牛奶对于预防肥胖是非常有好处的。

科学家研究发现，吃同样的一餐，如果在餐前30分钟先喝牛奶，然后再吃饭，能最有效地降低餐后血糖反应；如果在吃饭的同时喝牛奶，虽然也有降低餐后血糖的效果，但明显不如餐前30分钟喝牛奶的效果显著。所以，无论是为了控制血糖，还是从预防肥胖的角度出发，餐前半小时都是最佳的喝奶时间。

另外，牛奶也是夜宵的最佳选择。用牛奶作宵夜，不仅方便饮用，营养质量好，而且热量较低，对于预防肥胖而言，远比吃方便面、面条、饼干、薯片、面包、烤串之类食物更有利，但要注意不宜过量饮用。

# 67 配方奶粉与普通奶粉有什么不一样？

普通奶粉
全脂淡奶粉
全脂加糖奶粉
脱脂奶粉

配方奶粉
功能性配方奶粉
营养强化奶粉
婴幼儿配方奶粉

普通奶粉一般是指生乳经过干燥工艺制得的粉末状乳制品。常见的有全脂淡奶粉、全脂加糖奶粉和脱脂奶粉等。

配方奶粉则是根据不同人群的营养需求，通过调整普通奶粉营养成分的比例，并强化所需的矿物质、维生素等营养强化剂及功能因子后制成的。配方奶粉一般分为婴幼儿配方奶粉、功能性配方奶粉、营养强化奶粉三种。

婴幼儿配方奶粉是一种比较特殊的奶粉。国家对婴幼儿配方奶粉的标准及生产都有严格的规定，主要是根据母乳中各种营养成分的种类、含量和比例、相互作用等为标准，利用牛乳为基本原料，调整蛋白质、脂肪、碳水化合物的种类、含量，以及添加各种维生素、矿物质、特殊生物活性物质而制成的配方奶粉。一般根据婴幼儿的年龄分为0～6个月、6～12月、1～3岁、3岁以上的婴幼儿配方奶粉。

功能性配方奶粉主要是根据不同消费人群的营养需求特点而设计加工出来的产品。例如：中老年奶粉就是根据老年人身体虚弱、易患疾病等生理特点，添加各种高蛋白以促进胃肠道机能、改善便秘、降低骨质疏松病症的营养强化剂，以及为孕期和哺乳期的女性而特制的功能性配方奶粉。

营养强化奶粉是添加一种或几种营养强化剂的奶粉，包括强化钙奶粉、强化铁奶粉、强化锌奶粉等。

## 68 如何为宝宝正确冲调奶粉？

宝宝妈妈：冲奶粉，用矿泉水最好，富含矿物质；

宝宝奶奶：不对，用米汤最有营养，当年他爸爸就这么养大的；

宝宝姥姥：我觉得都可以，米汤和矿泉水都对孩子好吧？

……

现在很多新手妈妈对如何正确冲奶粉一头雾水，其实冲奶粉最好选用白开水，不要用矿泉水、米汤、豆浆等，否则会引起孩子消化不良和便秘。冲调奶粉的适宜水温一般在40～50℃，太高太低都不好，具体以产品说明为准。冲调奶粉时产生泡沫是正常现象，可以放心食用。

冲调婴幼儿配方奶粉的正确次序应该是将配方奶粉加入温水中。每罐奶粉都有标注建议的冲调比例，若冲调的过浓，会增加婴儿的肠道负担和肾脏负担，引起便秘、上火；若冲调的过稀，婴儿容易营养缺乏，导致个头小、消瘦等情况。冲奶粉的正确方式根据奶粉包装上的详细说明按比例进行冲调。

不管是什么牌子的配方奶粉，妈妈们给宝宝冲调好之后，常温下存放不能超过2小时。如果冲调好的奶粉，宝宝喝了一部分，那么剩下的应该要在1小时内喝完，超过这个时间，就不要给宝宝喝了。

## 69 婴幼儿配方奶粉中的脂肪和配料表中植物油有什么作用？

婴幼儿配方奶粉中的脂肪不仅是婴幼儿膳食能量的重要来源，还可以延缓婴幼儿胃肠的排空时间，同时也能提供必需脂肪酸，有助于脂溶性维生素的吸收。

细心的消费者会在婴幼儿配方奶粉的配料表中发现大豆油、棕榈油、玉米油等提供脂肪的植物油，那是因为牛乳和羊乳的脂肪酸组成与人乳的差异较大，婴幼儿配方奶粉通过添加不同种类植物油来调整脂肪酸的组成，使其更接近人乳，确保婴儿配方奶粉中脂肪酸的含量和比例符合标准要求。

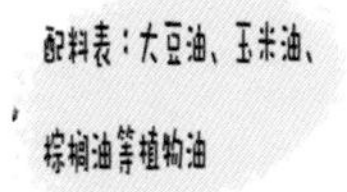

# 怎么给宝宝选择适合的奶粉呢？

首先，要根据婴幼儿的年龄选择合适的奶粉。消费者要根据婴幼儿的年龄段来选择奶粉：0～6个月的婴儿可选用1段婴儿配方奶粉，6～12个月的婴儿可选用2段婴儿配方奶粉，12～36个月的幼儿可选用3段婴幼儿配方奶粉、助长奶粉等产品。当然奶粉选购时一定要选择正规厂家生产、质量有保证的产品。

其次，从婴儿的角度出发，我们要通过比较营养成分表，尽量选择与母乳成分接近的奶粉，因此妈妈们选奶粉时了解奶粉中相关成分尤为重要。同时，我们需对奶粉中添加的一些营养因子，如牛磺酸、DHA等的功能做相关了解，从而帮助我们更营养、更科学地挑选奶粉。

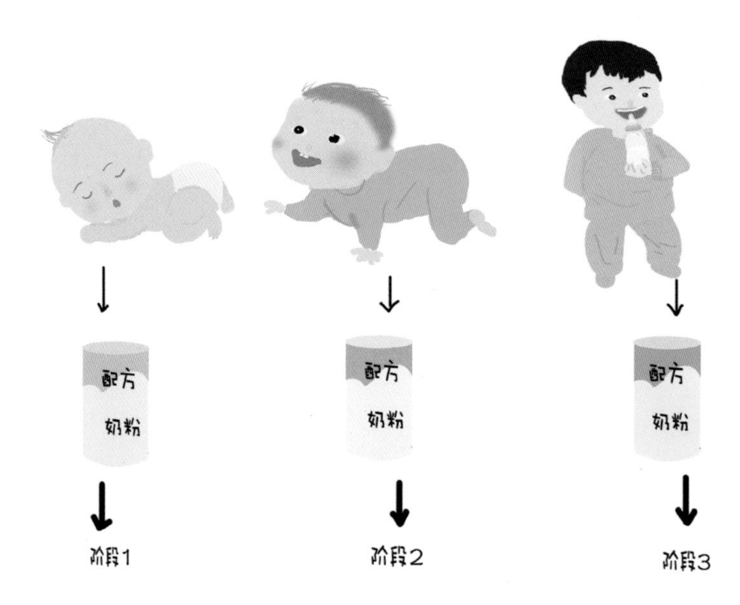

## 进口婴幼儿配方奶粉真的适合我家宝宝吗？

进口婴幼儿配方奶粉不一定更适合中国宝宝。对于婴幼儿来说，母乳是公认的“最佳食物”，所以各国婴幼儿奶粉的配方设计都要参考本国母乳的营养成分。也就是说，母乳的营养成分是配制婴幼儿配方奶粉所依据的“金标准”。但不同国家的饮食结构和生活环境有一定差别，所以母乳的营养成分也不一样，最终依据母乳成分生产出来的婴幼儿配方奶粉营养成分也存在一定差异。所以说，以中国母乳营养成分为依据配制的中国婴幼儿配方奶粉更适合中国宝宝。

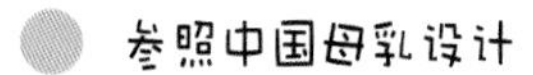


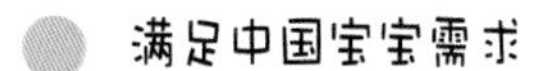

## 奶酪更有营养吗？

奶酪被誉为“奶黄金”。

奶酪浓缩了鲜奶中除乳清蛋白、乳糖和其他一些水溶性成分以外的所有营养成分，含有丰富的蛋白质、脂肪、维生素和矿物质等。除此之外，奶酪中蛋白质、脂肪以及钙、磷等矿物质含量，相当于鲜奶的8～10倍。奶酪中的蛋白质被微生物部分降解为肽类，更有利于吸收，消化率高达96%～98%。奶酪中的钙含量高且易于吸收，每100克奶酪可提供约700～1 000微克钙。因此，从某种程度上来说，奶酪比牛奶更有营养。

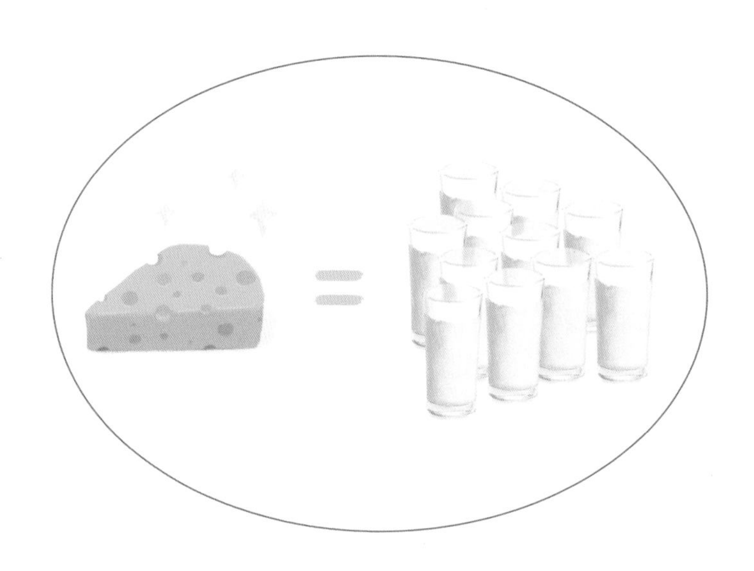

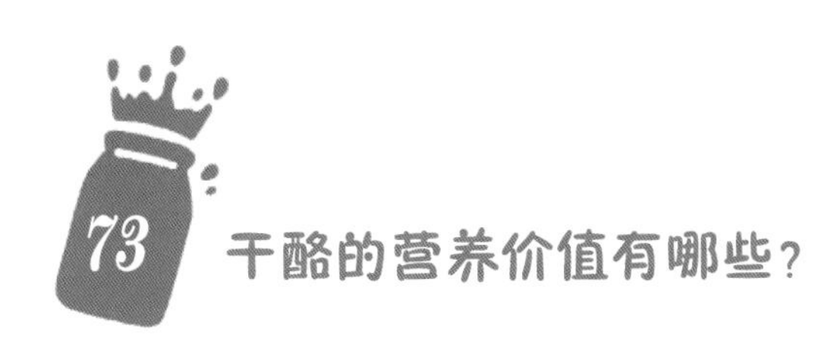

## 73 干酪的营养价值有哪些？

干酪是通过在牛乳或羊乳中加入适量发酵剂和凝乳酶，使乳中的蛋白质（主要是酪蛋白）凝固，然后排除乳清，并经一定时间的成熟而制成的一种营养价值很高的发酵乳制品，具有“奶黄金”的美称。10千克牛奶大约能制得1千克的全脂奶酪，其余9千克为乳清。

在干酪生产过程中，干酪中的部分蛋白质在蛋白酶的作用下转化为氨基酸、肽、胨等小分子物质，容易被人体消化，且干酪富含钙、磷、镁、钠等人体必需的矿物质，是最好的补钙食品之一。同时，干酪中的脂溶性维生素含量丰富，且含有不饱和脂肪酸，可以增强机体抵抗力，促进新陈代谢；在干酪成熟过程中，各种酶和微生物还可以合成B族维生素。另外，在干酪生产过程中，大多数乳糖随乳清排出或分解，因此适合乳糖不耐受人群食用。

第六部分 饮用知识

## 天然干酪和再制干酪有什么区别吗？

天然干酪是由动物的乳汁（可以是全脂、低脂、脱脂，甚至是鲜奶油）经过凝结制得的固态或半固态产品，包括制成后未经发酵成熟的新鲜干酪和经长时间发酵成熟而制成的成熟干酪，主要成分为酪蛋白和乳脂。

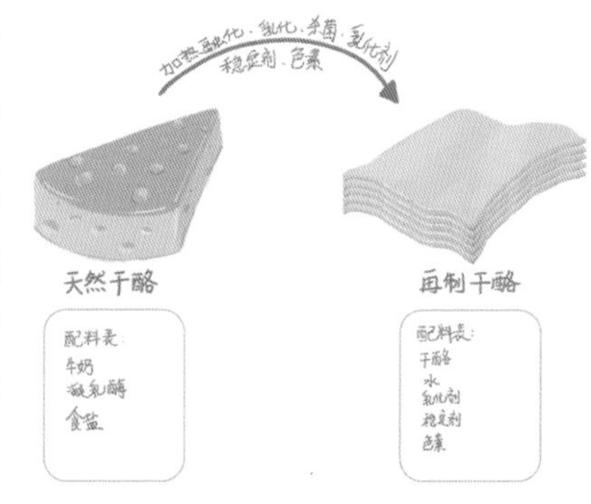


再制干酪，又称融化干酪、加工干酪或重组干酪，是干酪食品中的重要成员，它是以天然干酪为主要原料，添加乳化剂、稳定剂、色素等辅料，经加热融化、乳化、杀菌等工艺制得的、可长时间存放的一种干酪制品。

小贴士：我们如何区分天然干酪和再制干酪呢？

很简单，看下干酪的配料表即可获知。配料表中放在首位的是牛乳或羊乳的奶酪一定是天然干酪，其他的配料一般只有乳酸菌、凝乳酶和盐。再制奶酪的配料表会比较复杂，会有一大堆的文字（添加剂成分的化学名词），排名靠前的多是干酪和水，而且再制干酪包装袋上一定会有“再制”二字，但标注的位置和字号的大小就各异了，可能在背面或者是不起眼的角落，不注意可能会看不到。

# 第七部分

# 奶牛保健

## 75 奶牛也有床睡吗?

奶牛休息时一般卧在床上（卧床），牧场为每一头奶牛设置一个专门的卧床。卧床基础及垫料应该有弹性，地面要干净坚固并有防滑处理，同时卧床的前部要留充足空间，便于奶牛起卧时让头部自由活动。常见的卧床垫料有混凝土、黏土、沙子等。其中沙子最为常用，使牛感觉舒适，并有利于乳房健康和牛体清洁。

# 76 奶牛怕热吗？

奶牛和人类一样，在夏季炎热环境下，也会出现“中暑”的现象，不过奶牛的这种“中暑”现象叫做热应激。奶牛中暑是由它们的生理特性决定的，奶牛在进行瘤胃发酵和产奶的过程中都会产生大量热能，但是奶牛的汗腺不发达、单位体重散热面积小，再加上夏季温度较高，奶牛的体温很容易超出适宜范围。一般来说，奶牛适宜的环境温度为10～20℃，当环境温度达25℃以上时，奶牛的生产性能就开始受到影响，包括采食量、产奶量、配种率、犊牛初生重、牛奶乳蛋白率、乳糖率、乳脂率等都会下降，但它们受到影响的顺序会有先有后，受影响的程度也不同。

因此在夏季，为了保证奶牛的健康以及保持奶牛的生产性能，养殖者会采取一些措施为奶牛防暑降温。例如，在建设牛场时，就要规划在牛舍和运动场周围种植树木、植被，这样可以减少阳光辐射，阻止部分热气进入牛舍，改善牛场小气候。还要在牛舍内安装风扇和喷淋设施，淋水与送风相结合，能达到较好的降温效果。同时饮食搭配也很重要，可以适当增加一些高能饲料以及青绿多汁饲料，保证奶牛有充足的饮水量。

## 77 奶牛怕冷吗？

人们往往认为奶牛怕热不怕冷。之所以有这种误解，原因在于，相比低温环境，奶牛对高温环境更不适应，实际生产中奶牛受到高温影响导致产奶量的降低更加明显，生产损失也更大。因此，奶牛并非不怕冷，当环境温度低于5℃时，随着气温进一步降低，奶牛会进入冷应激状态，也会对生产造成一系列不利的影响。

在低温环境下，一方面，奶牛为了保温，对能量的需要量也会增加，从而采食量增大，但产奶量并没有增加，甚至会出现下降，这样会增加牧场的饲养成本，使经济效益下降；另一方面，冷应激条件下会导致奶牛免疫力下降，容易发生感冒、肺炎、结核等疾病，也会使奶牛乳房炎发病率上升，严重时会冻伤其乳头。

因此，冬天寒冷时，奶牛住进保温性能好、温暖舒适的牛舍，才会感到舒服，吃进去的饲料才能更多更好地转化为牛奶，才能为我们带来更多更健康的奶产品。

# 78 奶牛喜欢被按摩吗？

当然喜欢啦！奶牛也是个会享受的动物呢！

奶牛按摩是通过使用牛体刷实现的哦。牛体刷就是为了提高奶牛健康度、舒适度和幸福程度而设计的专用刷子。牛体刷可以在牛靠近时，以牛感觉到舒适的速度旋转，而且在各个方向上自由翻转，上下左右以及沿牛身滚动，为奶牛提供全方位的舒适按摩体验。同时，牛体刷可以帮助保持牛体清洁，促进奶牛皮肤血液循环，提高奶牛福利和免疫力，进而提高牛奶的产量和品质。

## “对牛弹琴”真的没用吗？

其实可爱的“奶牛宝宝”也喜欢好听的音乐呢。当然，为了体现自己在艺术上的造诣，奶牛尤其喜欢舒缓、优美的古典音乐，如大自然系的《寂静山林》等。当奶牛听到此类音乐时，常常会随着乐曲轻轻摇晃着脑袋，摆动着尾巴，悠闲自得，有种陶醉的感觉。

奶牛挤奶时，牧场挤奶厅里有时播放音乐，这是为什么？科学家研究发现，“对牛弹琴”是有特殊作用的。每当挤奶时，若给奶牛听适宜音乐，不但可以减少外界环境如噪声、惊吓等对奶牛的刺激，还能调节奶牛血液激素水平，稳定奶牛情绪，从而减缓奶牛环境应激反应，有效提高牛奶的产量，获取更大的经济收益。更有趣的是，挤奶时播放音乐还可以改善挤奶工人的心情，他们更加温和地对待奶牛，也可以更好地促进奶牛产奶。

## 80 怎么才能让奶牛感觉到舒服？

奶牛像人类一样是有感知的动物，虽然不能像人类那样将喜怒哀乐充分地表现出来，但它们也能感受到痛苦和快乐，因此，它们需要饲养者的关心和爱护。

为了让奶牛感觉到舒服，在心理和生理上都达到健康状态，饲养者应尽量从营养、环境和管理上满足它们的需求，也就是在奶牛的繁殖、饲养、挤奶、运输、试验、展示、陪伴、工作、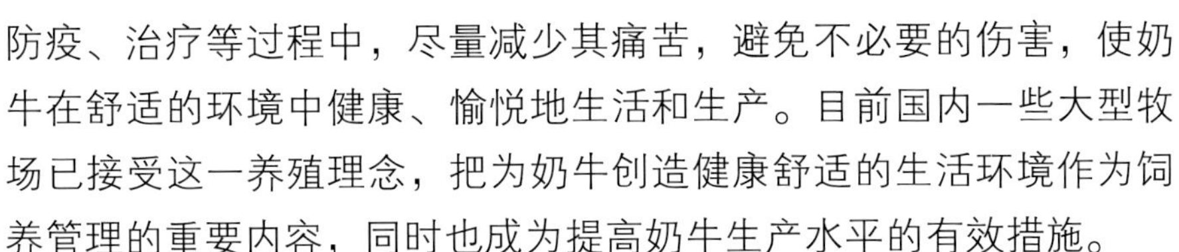防疫、治疗等过程中，尽量减少其痛苦，避免不必要的伤害，使奶牛在舒适的环境中健康、愉悦地生活和生产。目前国内一些大型牧场已接受这一养殖理念，把为奶牛创造健康舒适的生活环境作为饲养管理的重要内容，同时也成为提高奶牛生产水平的有效措施。

## 奶牛的粪便也是“宝”吗？

甲：奶牛的粪便又脏又臭，一点用都没有！

乙：一点没错，完全污染环境。

错！其实，奶牛的粪便利用起来，也是宝贵的资源。例如可以用作沼气发电，解决养殖场和周边农户的生活能源。同时，奶牛的粪便还是优质的有机肥资源，经过发酵处理后制成的有机肥品质高，在田间施用不但可以提供养分，还可以改良土壤结构，投入1吨牛粪便可节省36元的化肥成本。除此以外，奶牛粪还可以用来养蚯蚓，蚯蚓不仅可以高价卖给制药厂，还可以用来喂鸡、喂鱼，蚯蚓粪也是优质的有机肥。因此，奶牛粪便变废为宝有很大的应用潜力！

## 82 奶牛的粪便直接还田行吗？

甲：种养结合是未来的大趋势，我们的奶牛场也打算这么干。

乙：是把牛粪直接当有机肥用吗？

甲：可不能直接用，虽然奶牛的粪便是宝贵的有机肥资源，可以提供养分，还能改良土壤，但直接施用可千万不行，不但会产生热量，消耗土壤氧气，造成烧根烧苗，而且可能造成粪便中的有害病菌和草籽等大量累积。因此，奶牛粪便在还田前需要先经过厌氧发酵和高温堆肥，以杀灭粪污中的致病菌，去除各类有害物，也避免了牛粪在土壤中的二次发酵影响作物生长。



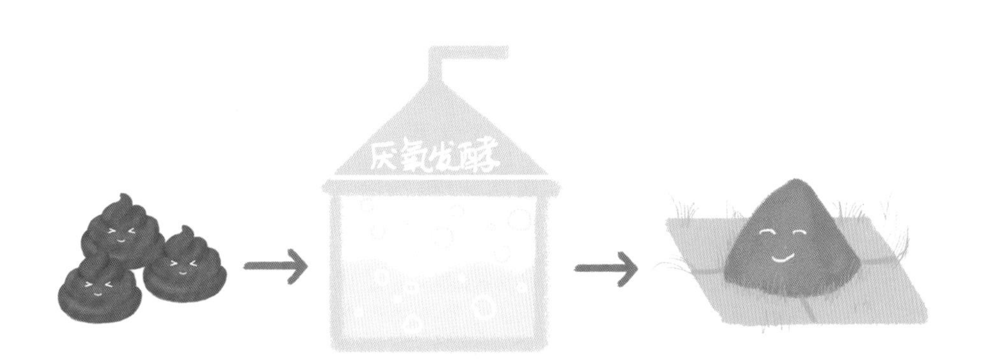

# 83 奶牛的粪便可以变成生物炭吗？

生物炭，顾名思义，主要的成分是碳分子。研究发现，生物炭可以用于改良土壤、捕捉碳元素、减少空气中的碳元素，具有较高的应用前景。

奶牛的粪便是怎么变成生物炭的呢？在100～800℃的高温下，停留1～24小时，牛粪中的主要有机物——糖类、蛋白质和脂质经过一系列剧烈、复杂的反应，奶牛的粪便就转变成了生物炭。当前国际上好多科学家在研究牛粪碳化的机理，以期提高牛粪碳化的效率和质量。

牛粪中富含的氮、磷、钾等元素在水热炭化过程中进一步富集，因此牛粪生物炭可被作为肥料使用，表面富含丰富的亲水性有机官能团的生物炭，如-OH、$-HCO_3$等，可用做污染物吸附剂、微生物载体。此外，经过进一步物理、化学手段变性后，生物炭可以作为新型多功能碳基材料的前驱体，如光催化、电化学、热化学等催化剂载体。

## 84 怎么把奶牛的粪便变成“宝”？

随着奶牛养殖业规模化、集约化的迅速发展，奶牛场粪便集中排放造成了严重的环境污染问题。利用热解、水热技术，可在短时间内（低于24小时）对牛粪进行资源化转化，使奶牛的粪便从环境污染源变为“宝”——生物（原）油和生物炭。热解转化之前，需预先将牛粪干燥处理，使干燥的牛粪在活泼性较低的氮气氛围下发生反应。与之不同的是，在水热反应过程中，要保证反应在一定的压强条件下进行，水作为反应溶剂，水热转化牛粪时无须干燥处理。无论是水热技术还是热解技术，得到的生物（原）油和生物炭在作为替代燃料、高附加值化工产品、土壤肥料、新型碳基材料等领域，具有重要的应用前景。

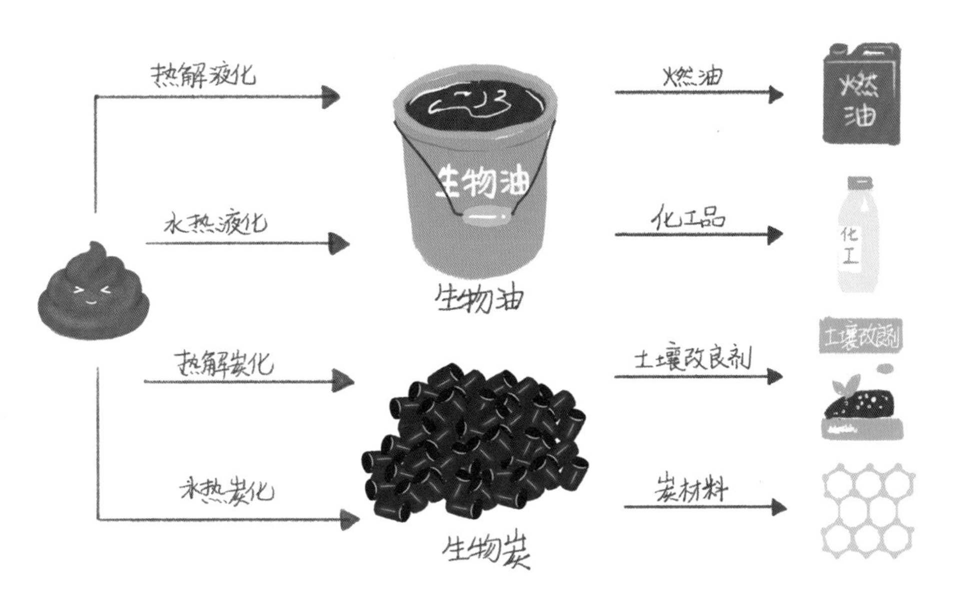

# 85 牛粪能变成石油吗？

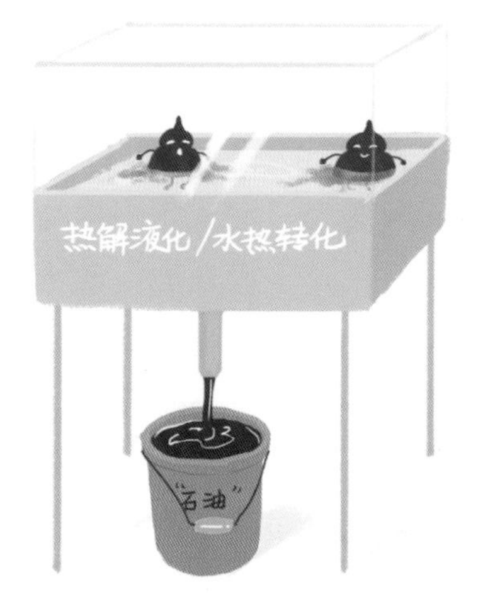


通过热解液化和水热转化技术，奶牛的便便就可以变成与原来状态差异巨大的石油。

热解液化技术，也称为快速热解技术，是指在氮气为载气、缺氧的氛围下，使预干燥的牛粪以超高的加热速率升至中温500℃左右，并在超短的停留时间内（0.5～1秒）发生有机长链分解反应，产生生物油以及其他固体和气体副产物。生物质快速热解液化具有加热速率高、停留时间短、热解温度较低等特点。产生的生物油热值高、有机组分丰富，可作为燃油替代品及提质高附加值化工产品。目前已有科学家将乳化后的生物油与柴油混合，成功用于农业机械的发动机测试。

类比热解液化，水热转化生物质也是在缺氧的气氛下，通常需要初始压强以保证反应过程在一定的压强下进行。水作为反应溶剂，同时又起到催化反应的作用，使得牛粪原料无须干燥，可以节省预处理成本。牛粪的水热液化一般在温度为250～400℃、反应停留时间为10～90分钟、临界或超临界条件下进行。水热反应过程中，牛粪发生水解、脱水、分解以及再聚合等复杂反应，生成生物原油。生物原油的分子量一般高于热解生物油，热值也可达到30兆焦/千克以上，是化石燃油替代品的选择之一。

## 86 奶牛的粪便是如何变成沼气的呢？

奶牛的粪便不仅可以转变为石油，还可以转变为气态的燃料——沼气。牛粪经过收集以后，投入沼气池中进行厌氧发酵，在一定的水分、温度和厌氧条件下，通过各类微生物的分解代谢，最终形成了甲烷和二氧化碳等可燃性混合气体。该过程通常有四种厌氧微生物参与：水解发酵菌、产氢产乙酸菌、同型产乙酸菌和产甲烷菌。水解发酵菌把牛粪中的固体有机物质降解为溶解性物质，大分子有机物质被降解为小分子物质；产氢产乙酸菌把水解有机物产生的有机酸和醇类转化为乙酸、氢气、二氧化碳、甲醇和甲酸等；同型产乙酸菌能够利用氢气和二氧化碳等转化为乙酸；在产甲烷菌作用下，乙酸、氢气、碳酸、甲酸和甲醇等物质被转化为甲烷、二氧化碳和新的物质。最终，我们也就把固体或液体的牛粪转变为了气态的能源物质——沼气。

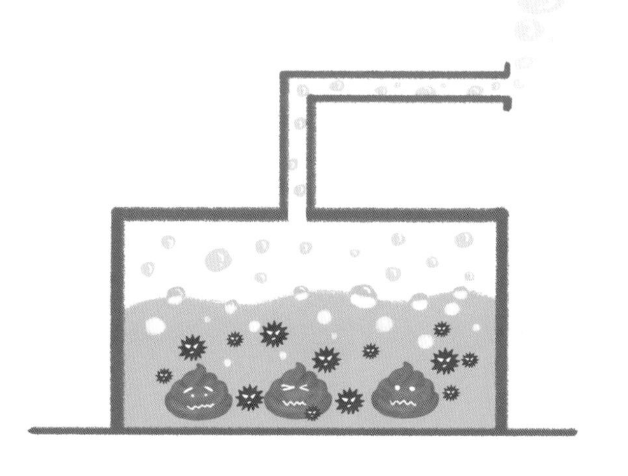

# 第八部分

# 关注热点

# 87 奶牛靠打激素产奶吗?

有一种流言，给奶牛打高剂量的激素，奶牛才能不断泌乳！事实是怎么样的呢?

很多没有接触过奶牛的人误认为，奶牛就是个产奶机器，可以一年365天产奶，拧开阀门就有奶，这也是奶农和畜牧生产者们的梦想。但目前，无论是多么优秀的奶牛，人们对它使用多么先进的饲养技术，都无法让奶牛不停歇地产奶。泌乳是哺乳动物特有的、复杂的生理现象，跟所有其他哺乳动物一样，奶牛只有产下牛犊以后才开始分泌乳汁，任何人为干预都无法让不分娩的奶牛开始产奶。

现在，畜牧工作者通过艰辛的努力，已经培育出产奶量高、泌乳期长的优秀奶牛品种。但在一个产奶周期的末期，必须让奶牛的乳腺得到充分休息，才会保证它在下一个泌乳周期保持高的产奶量。这个时期叫干奶期，一般是母牛临产前的两个月。奶牛分娩后的40～60天达到产奶量高峰。随后产奶量会逐渐下降，大约305天就会停止分泌乳汁，进入干奶待产期。

妊娠的奶牛，会在泌乳停止后大约60天，再次生下小牛，开始新一轮的产奶。所以，母牛产犊后才产奶，如果不产牛犊，单独打任何激素，都无法让奶牛产奶。为了能够缩短产犊间隔，在奶牛产后哺乳期的合适时间为它进行同期发情和人工授精，在提高受孕几率的同时，能较准确地控制生育时间。

总之，奶牛只有在产下小牛后才能泌乳，使用外源性激素，不能使未分娩的奶牛产奶。

# 88 牛奶致癌吗？

牛奶是很多家庭常喝的饮品，然而，一个看上去健康营养的食品，被舆论推到了风口浪尖，与可怕的癌症扯到了一起，那么喝牛奶真的能致癌吗？

这个误解源于人们对于一位名叫坎贝尔的科学家所做试验的错误解读。他用致癌物质黄曲霉素喂养大鼠，在大鼠产生癌症后，再分别用两种饲料喂养大鼠，一种饲料中蛋白质的20%为谷蛋白，另一种20%为酪氨酸，结果发现服用含有20%酪氨酸饲料的大鼠体内的癌细胞生长更快。于是乎，就有人解读为牛奶能够促进癌症的发生。

事实上，1杯（200克）牛奶中所含酪蛋白的量，仅占一日总能量的1.2%，比动物试验中的低剂量（5%）还要低，远达不到促癌剂量。从周边人群也可以看出，不喝牛奶的人照样可能患上癌症，而经常喝奶的人当中也有很多长寿者。所以，牛奶与致癌并不直接相关。2014年发表在国际权威杂志《Nutrition》上的研究，也指出目前没有明确的证据说明，饮用牛奶会增加罹患癌症的风险。

根据《中国居民膳食指南》，推荐我国居民每人每天饮用300克（相当于一次性纸杯1杯半）乳制品。事实上，牛奶和酸奶能有效供应维生素$B_2$、$B_6$、$B_{12}$和维生素A，是钙的最方便来源，这些对于国人都是有积极意义的，特别是对成长期的儿童和青少年。

所以，牛奶致癌只是谣言，科学饮用才是王道。成年人每天饮用牛奶不超过1 000毫升，既可取其利，又可避其害。

## 牛奶含有激素么?

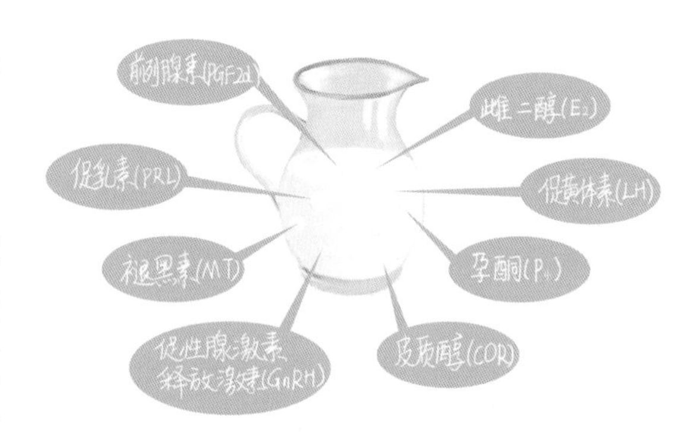


经常会有人问“听说鲜牛奶中含有激素，是真的么?”。

目前根据激素的化学性质可将激素分为蛋白质或肽类激素、类固醇类激素、脂肪酸激素和氨基酸衍生物类激素。那么激素对人体一定是有害的吗?

正常的哺乳动物乳汁中可检测出的激素有雌二醇（$E_2$）、孕酮（$P_4$）、促黄体素（LH）、褪黑素（MT）、促乳素（PRL）、前列腺素（PGF2α）、皮质醇（COR）、促性腺激素释放激素（GnRH）。大家比较熟悉的生殖激素——促性腺激素释放激素（GnRH）、雌二醇（$E_2$）、孕酮（$P_4$）、促黄体素（LH）具有调节人体正常生理周期、维持雌性特征与生理功能的重要作用；而被称为奶中“脑白金”的褪黑素（MT）又具有改善睡眠、调节情绪、抗氧化、抗肿瘤、增强免疫和延缓衰老等多种积极作用。至于调节代谢糖类物质所需的皮质激素——皮质醇（COR）还具有抑制免疫应答、消毒抗炎抗过敏的功能。由此可见，激素并不是那么可怕，不是吗?

总之，作为母牛分泌的产物之一，牛奶中激素肯定是有的，但是牛奶中激素的含量不足以对人体健康造成威胁，恰恰相反，有些激素是对人体有益的。

## 90 牛奶中有抗生素残留吗？

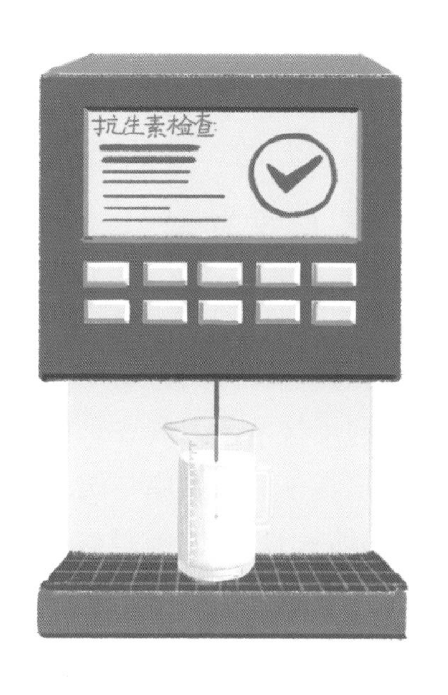


刚刚接受抗生素治疗后的病牛所产的牛奶中会有抗生素残留。抗生素是治疗很多细菌性疾病最为有效、应用最广的方法，会经血液循环进入牛奶。

但是，我国和许多国家以及联合国粮农组织和世界卫生组织等国际机构都有明文规定：奶牛在接受抗生素治疗期间及用药后数日内，其挤出的乳汁不得用于生产商品奶，这期间产的奶必须废弃。

此外，各奶牛场送交至乳品厂的牛奶均须经过严格的抗生素检测，以确保抗生素残留不会超标。因此，市场上买到的正规厂家的牛奶可放心饮用。

## 喝脱脂奶可以减肥吗？

随着人们生活质量的提升和对体型美的追求，人们对食品的选择越来越挑剔。在选购奶产品时，不少消费者常常纠结于脱脂牛奶、低脂牛奶和全脂牛奶，这主要是因为消费者一方面忌惮脂质的“杀伤力”，另一方面又怕脱脂或低脂的牛奶没营养，加之目前民间的养生秘籍和网络报刊说法众多，消费者在选购时往往眼花缭乱，无所适从，所以在此要对“脱脂”这一概念进行解释和说明。

全脱脂牛奶是指把牛奶中的脂肪利用技术手段脱去，使脂肪含量由4.0%降低到0.5%以下。介于全脱脂牛奶和全脂牛奶之间的奶称为低脂牛奶，通常指脂肪含量在1.0%～1.5%的牛奶。近年来谈“脂”色变，但不得不说的是，脱脂技术脱掉的不仅是脂肪，还有其他的营养物质，如脂溶性维生素。所以，关于脱脂牛奶是否能减肥，答案是否定的。原因在于两点，首先，减肥时更应该注意营养的均衡，如果为了减脂而选择脱脂奶，消费者反而需要付出额外的努力去补充损失的脂溶性营养素，得不偿失。其次，脱脂后的牛奶失去了香醇的气味，口感似水，不易产生饱腹感，食用后反而引诱我们想喝更多的牛奶，加之商家为掩盖风味的缺失在脱脂奶中添加食用添加剂，造成了额外的安全隐患。

# 92 喝牛初乳能否增强人体的免疫力？

不能！

牛初乳一般是指奶牛产犊后1天内所产的乳汁，其营养成分与普通牛奶相比含有较高蛋白质，而脂肪含量则较低。另外，初乳亦含有大量的免疫和生长因子，如免疫球蛋白、乳铁蛋白、溶菌酶、类胰岛素生长因子、表皮生长因子等，这也就是大家认为喝牛初乳能增强人体免疫力的缘由了。

但实际上，一方面，机体对初乳中免疫球蛋白等大分子成分吸收是需要肠道的特殊通道（特殊状态）配合的，一般哺乳动物的肠道只能在新生的6~12小时内保持这一通道的畅通，之后即被关闭，无法吸收免疫球蛋白等大分子物质。另一方面，这些作为食物的免疫球蛋白进入体内需经分解后方能被身体吸收，再被运送到肝脏和其他组织或器官合成新的蛋白质，新合成的蛋白质不一定还是免疫蛋白，也就不一定能起到相应的作用。

此外，牛奶中含有的免疫球蛋白是针对感染牛的抗原而产生的抗体，而抗体分子的恒定区各不相同，具有种属特异性，也就是说牛初乳中的免疫球蛋白对牛的疾病有效，对人的疾病来说就不一定有效了。

## 93 牛奶是越浓越好吗？

不是！牛奶的稀稠在一定程度上能反映牛奶的质量。健康奶牛生产的生乳不是很浓稠，当生乳干物质含量较高时则可表现出略显浓稠，挂杯壁的现象也更明显，如西门塔尔乳肉兼用型牛生产的生乳较浓厚。但是，如果认为牛奶越浓越好，则是绝对错误的！

因为，在后续加工过程中，可以通过添加增稠剂、稳定剂或者奶粉等使牛奶变浓，但这就不是纯鲜牛奶了。真正经过均质加工的纯牛奶，口感稀薄，乳香清淡，倒入玻璃杯中质地均匀挂壁。如果婴幼儿饮用浓度过高的牛奶很容易引起腹泻、便秘等问题。

与以前相比，为了更利于人类肠道吸收，现在的牛奶都经过“均质”处理，即把大颗粒的牛奶脂肪打碎成小颗粒，牛奶中的脂肪更容易被吸收，同时使牛奶变得不如以前“黏稠”。

# 94 乳糖不耐受是怎么回事？

所谓乳糖不耐受，就是身体中缺乏乳糖酶，没有办法消化乳糖，然后不消化的乳糖刺激肠道，产生胀气、肠鸣等不舒服的感觉，严重情况下还会腹泻和腹痛。

乳糖不耐受的人可选择无乳糖牛奶。无乳糖牛奶制作时，人工添加了乳糖酶，分解掉了其中的乳糖。人体对葡萄糖和半乳糖的吸收能力非常强，所以就不会出现喝奶后腹胀腹泻的情况了。此外，喝酸奶也是很好的选择，酸奶的乳糖有一部分已经被分解为乳酸了。



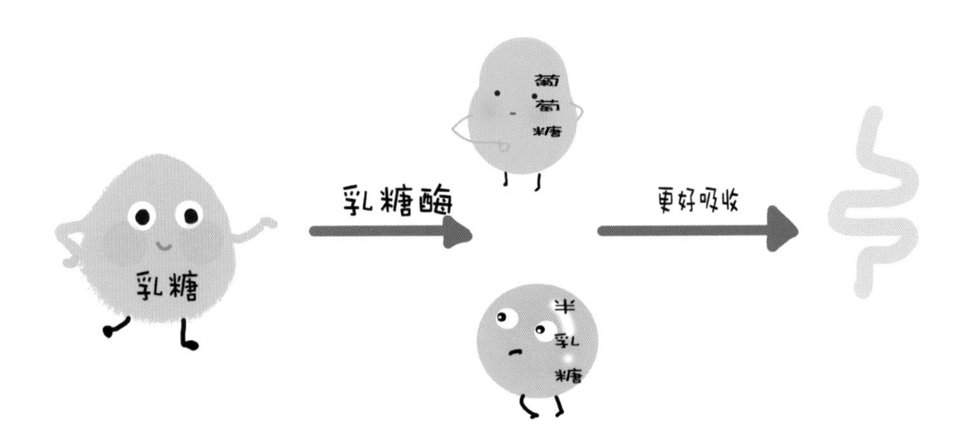

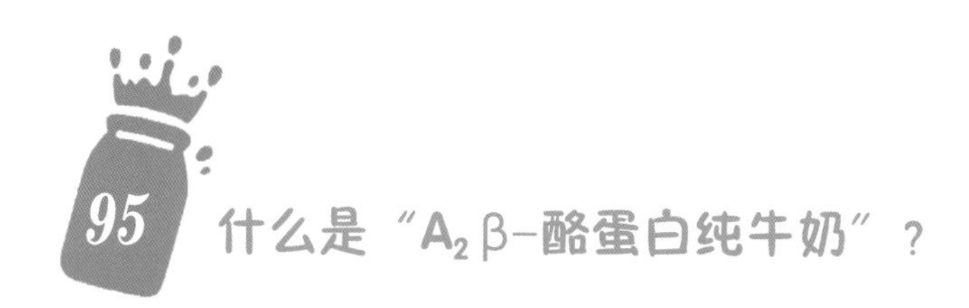

## 95 什么是“$A_2$ β-酪蛋白纯牛奶”？

牛奶中的蛋白质主要由酪蛋白和乳清蛋白构成，分别占牛奶中蛋白质含量的80%和20%，在酪蛋白中又分为β-酪蛋白、κ-酪蛋白和α-酪蛋白，其中β-酪蛋白占蛋白质总量的30%，它是氨基酸的重要来源，同时在体内传递着重要的矿物质（如钙和磷等）。

所有的牛奶都含β-酪蛋白，但β-酪蛋白的种类才是关键，目前有两种β-酪蛋白：$A_1$和$A_2$，普通牛奶中不仅含有$A_1$ β-酪蛋白，也含有$A_2$ β-酪蛋白，而$A_2$ β-酪蛋白纯牛奶只含有$A_2$ β-酪蛋白，不含有$A_1$ β-酪蛋白。

$A_2$ β-酪蛋白纯牛奶降低了对$A_2$ β-酪蛋白过敏人群的不同程度的过敏风险，同时可解决腹泻等问题。

“$A_2$”奶牛筛选源于血统、源于DNA，“$A_2$”奶牛是由专门的奶牛场饲养的。

# 96 睡前喝一杯牛奶有助于睡眠吗？

从睡眠机理上来讲，效果甚微。但是，从心理暗示上来说，可能会有一些“效果”。

牛奶中的蛋白质中确实含有色氨酸，而大脑也确实可以利用这种化合物作为主要原料，合成一种叫作五羟色胺的物质。五羟色胺可以抑制我们的思维活动，从而使我们昏昏欲睡。但是我们的身体有一个血脑屏障来阻止血液中的很多物质进入我们的大脑，从而起到保护大脑作用。牛奶要发挥改善睡眠的作用，需要把色氨酸运送到大脑里，这个运送过程首先就必须穿过血脑屏障。

所以睡前喝的那杯助眠的牛奶，里面的色氨酸首先要进入血液，然后再通过血脑屏障进入大脑，过程还是比较曲折的，所以用牛奶来改善睡眠，效果甚微，但是睡前饮用牛奶有助于营养物质（如乳蛋白和钙）的吸收，还可以抑制有害物质的吸收。但是，睡前喝牛奶的习惯并非适用于所有人，比如胃溃疡患者、反流性食管炎患者和糖尿病患者等要慎重。

## 97 为什么说牛奶是最佳补钙食物？

牛奶中的钙含量较高，每升牛奶约含1 000毫克钙，是所有食物中最理想的钙源食品之一，而且牛奶中还含有可以促进钙吸收的其他成分，因此牛奶的钙吸收率高于一般食品。钙不但是构成人体骨骼的基本物质，而且是多种酶的激活剂，对调整肌肉收缩、神经活动等有重要作用。牛奶中的钙磷比为1.3：1，接近人体骨骼钙磷比，在维生素D的作用下，更易被人体吸收，所以说牛奶是最佳的补钙食物。

牛奶的钙吸收率高于一般食物

牛奶中的钙磷比为1.3:1，接近人体骨骼钙磷比，在维生素D作用下，更易被人体吸收，所以牛奶是最佳的补钙食物。

1000毫克钙/升牛奶

# 98 巴氏鲜奶跟奶粉的营养价值一样吗？

巴氏鲜奶由于受热杀菌程度较温和，能把牛奶中可能引起人类疾病的有害细菌杀死，且牛奶中营养活性成分得到了最大限度的保存，口感好，淡香、清纯、营养，纯天然风味保存得较好。从世界各国看，巴氏奶已成为时尚消费的主流。

奶粉是鲜奶经过浓缩、喷雾、干燥后制成的微细粉粒，其蛋白质、脂肪、无机盐等主要营养成分变化不大，部分维生素和免疫球蛋白等活性物质遭到破坏，尤其是维生素C、维生素$B_1$破坏严重。

## 99 为什么现在煮牛奶闻不到以前那么强烈的奶香味了？

在很多人的印象里，以前的牛奶是“香浓”的，现在的牛奶“淡而无味”。除了以前物质匮乏，食物在记忆中显得更美味外，牛奶的味道确实“变淡”了。过去经济短缺时期，牛奶是特供产品，人们需要凭票才能打上奶，过去的奶牛产量也不高，脂肪含量要略高一些。牛奶味道应该随四季变化而变化，春夏青饲料多，秋冬干草多，这些都会引起牛奶口感变化。

牛奶的味道与奶牛吃什么密切相关。以前的奶牛大多以吃青草为主，因此牛奶中有股“青草香”。现代工艺给奶牛准备了标准化、精心调配的饲料，可能导致奶味变淡。此外，挤奶环境、灭菌方法和奶牛饮用水等，都可能影响牛奶的最终香味。

另外，过去的牛奶没有经过现代加工工艺的加工，如离心净乳、干物质标准化、均质处理、闪蒸脱嗅等，所以，现在加工后的牛奶产品就没有像以前强烈的奶香味和厚实的奶皮，虽然强烈的奶香味变淡了，但品质提高了。

## 100 为什么婴儿或幼龄动物喝母乳能抗病，而大人或成年动物却不行？

因为新生儿或动物肠道黏膜上皮细胞表面有一种能够结合免疫球蛋白（IgG）Fc受体（FcRn），这种受体能够和奶中的免疫球蛋白或抗体结合，并对肠道病原起到中和或杀灭作用。但这种受体随着年龄的增长而逐渐减少，直至消失，因此成年动物因肠道上皮细胞缺乏这种受体而不能吸收母乳中的抗体，不能发挥抗病作用。

## 101 有机牛奶更营养？

不完全正确！

有机牛奶的生产认证一般着重于其天然的生长环境及饲养方式，有机牛奶喂养的饲料为纯天然牧草，食用的饲料是根据奶牛的营养需要对不同饲料进行优化搭配、均衡配比。从营养成分比较，有机牛奶较普通牛奶含有更高水平的n-3脂肪酸和共轭亚油酸、维生素A、β-胡萝卜素以及α-生育酚，但含有较低水平的碘。但相对而言，牛奶中的蛋白质、脂肪和乳糖等常规营养成分受饲料中营养成分含量的影响较小，使两种牛奶中的蛋白质和脂肪含量基本一致，乳糖含量也几乎没有差异。

# 参考文献

巴根纳. 2007. 液态乳制品加工均质工艺研究[D]. 北京：中国农业科学院.

柏雪源，吴娟，王丽红，等，2009. 生物质热解生物SEbi柴油乳化燃料的制备与试验[J]. 农业机械学报，40：112–115.

崔中林. 2007. 奶牛疾病学[M]. 北京：中国农业出版社.

冯仰廉. 2004. 反刍动物营养学[M]. 1版. 北京. 科学出版社.

高爱莲，刘晓慧，刘增磊，等. 2016. 计算机信息技术在食品质量安全与检测中的应用[J]. 食品安全质量检测学报，7（10）：4258–4262.

郭爽，孟庆江，曹秀萍，等. 2017. 奶牛肢蹄病的防治与管理[J]. 疫病防治，4（10）：4–78.

侯安存. 2017. 乳糖不耐受的诊治进展[J]. 临床和实验医学杂志，16（2）：204–207.

李新媛. 2015. 浓缩饲料利用技术[J]. 甘肃畜牧兽医，45（4）：17.

逄金柱，孙晗. 2016. 有机乳制品营养价值的研究进展[J]. 中国食物与营养，22（3）：7–70.

任慧波，缪志军，杜丽飞，等. 2010. 奶牛的泌乳规律及不同时期的饲养管理[J]. 养殖技术顾问（8）：30.

思狄. 1994. 奶牛泌乳与气象条件[J]. 当代畜禽养殖业（9）：20.

孙志华，2018. 我国奶业发展现状浅析[J]. 中国畜牧业（11）：36–37.

田义. 2018. 奶牛乳房炎的防治[J]. 草食动物（12）：72.

万松，李永峰，殷天名. 2013. 废水厌氧生物处理工程[M]. 哈尔滨：哈尔滨工业大学出版社.

王向云，王军. 2018. 提高奶牛产奶量的措施[J]. 四川畜牧兽医（9）：41–42.

王自然. 2005. 影响奶牛泌乳性能的因素及预防措施[J]. 中国畜牧兽医（4）：56–57.

徐迪. 2018. 世界著名奶牛品种及其生产性能的分析[J]. 现代畜牧技（12）：24.

于延玲. 2018. 奶牛子宫内膜炎的诊治[J]. 草食动物（11）：40.

郁蓉，王岁楼. 2009. 原料奶安全检测及质量控制的研究进展[J]. 乳业科学与技术（6）：289–293.

张佳程. 2013. 脱脂牛奶PK全脂牛奶[J]. 家庭医学（6）：60–61.

张胜利，张沅，石万海，等. 2009. 中国奶牛遗传改良与技术发展[J]. 中国奶牛（S1）：16–24.

张书义，马莹，等. 2017. 奶业科普百问[M]. 北京：中国农业出版社.

赵兴良. 2016. 奶牛养殖中饮水的重要性与供给原则[J]. 现代畜牧科技（9）：40–40.

郑亚平. 2006. 成年奶牛的泌乳规律[N]. 河南科技报，2006–04–25（006）.

中国食品药品网. 2016. 牛奶连袋加热可致铝中毒？[EB/OL]. 2016–06–03. http：//www. cnpharm. com/jiankang/201606/03/c90048. html

中华人民共和国国家质量监督检验检疫总局，中国国家标准化管理委员会. 2006. 有机产品 第2部分：加工：GB/T 19630. 2–2011[S]. 北京：中国标准出版社.

中华人民共和国国家质量监督检验检疫总局，中国国家标准化管理委员会. 2006. 病害动物和病害动物产品生物安全处理规程：GB 16548–2006[S]. 北京：商务印书馆.

中华人民共和国国家质量监督检验检疫总局，中国国家标准化管理委员会. 2007. 奶牛场卫生规范：GB/T 16568–2006[S]. 北京：中国标准出版社.

中华人民共和国农业部. 2001. 无公害食品 奶牛饲养兽医防疫准则：NY 5047–2001[S]. 北京：中国农业出版社.

中华人民共和国农业部. 2004. 奶牛饲养标准 NY/T 34—2004[S]. 北京：中国农业出版社.

周晶莹. 2013. 肉用犊牛与架子牛的饲养管理[J]. 现代畜牧科技（8）：15–15.

Chen J，et al. 2018. Hydrothermal Liquefaction Enhanced by Various Chemicals as a Means of Sustainable Dairy Manure Treatment[J]. Sustainability，10（1）：230–244.

Dai L，Tan F，Wu B，et al. 2015. Immobilization of phosphorus in cow manure during hydrothermal carbonization [J]. Journal of Environmental Management，157：49–53.

Wu K，Gao Y，Zhu G，et al. 2017. Characterization of dairy manure hydrochar and aqueous phase products generated by hydrothermal carbonization at different temperatures [J]. Journal of Analytical and Applied Pyrolysis，127：335–342.

Wu K，Zhang X and Yuan Q. 2018. Effects of process parameters on the distribution characteristics of inorganic nutrients from hydrothermal carbonization of cattle manure [J]. Journal of Environmental Management，209：328–335.